COURS ÉLÉMENTAIRE

DE

GÉOMÉTRIE

COMPRENANT

LES PRINCIPES DU LEVÉ DES PLANS, DES PROJECTIONS, DU NIVELLEMENT, DES PLANS COTÉS,

ET DES NOTIONS SUR QUELQUES COURBES USUELLES,

A L'USAGE

des Lycées, des établissements d'Instruction publique,

[illegible] Baccalauréat-ès-sciences et aux Écoles du Gouvernement,

PAR

[illegible] LARTAIL,

[illegible]rofesseur au Lycée Impérial de Metz.

METZ

[illegible], LIBRAIRE-ÉDITEUR,

RUE DU PALAIS, [illegible] ET 10.

18[illegible]

COURS ÉLÉMENTAIRE
DE
GÉOMÉTRIE

C[illegible]NANT

LES PRINCIPES DU LEVÉ DES PLANS, DES PROJECTIONS,
DU NIVELLEMENT, DES PLANS COTÉS,
ET DES NOTIONS SUR QUELQUES COURBES USUELLES,

A L'USAGE
Des Lycées, des établissements d'Instruction publique,
des Candidats au Baccalauréat-ès-sciences et aux Écoles du Gouvernement,

PAR

P.-F. LARTAIL,
Professeur au Lycée Impérial de Metz.

METZ
WARION, LIBRAIRE-ÉDITEUR,
RUE DU PALAIS, 2 ET 10.

1853

METZ, TYPOGRAPHIE DE GANGEL, PLACE SAINT-LOUIS, 8.

INTRODUCTION*.

MESURE ET RAPPORT DES GRANDEURS.

1. — Le rapport de deux grandeurs de même espèce est le nombre qui mesure l'une d'elles en prenant l'autre pour unité.

Si la seconde quantité est contenue dix fois dans la première, le rapport de la première à la seconde est le nombre entier 10.

Si la seconde quantité n'est pas contenue exactement dans la première, il peut arriver qu'une partie aliquote de la seconde soit renfermée un nombre entier de fois dans la première. Supposons que la première quantité contienne huit fois la cinquième partie de la seconde, le rapport de la première à la seconde est le nombre fractionnaire $\frac{8}{5}$.

Il est évident, que si au lieu de prendre l'une des deux grandeurs pour unité, on les évalue avec une unité quelconque, le quotient des nombres qui les mesurent donne leur rapport.

Enfin, si on considère deux quantités qui ne peuvent être partagées exactement en parties égales de même grandeur, on dit qu'elles sont incommensurables entre elles, et l'idée du mot rapport tel que nous venons de le définir n'offre plus de sens**.

* Les considérations contenues dans l'introduction doivent être admises par les commençants, à une première lecture de la géométrie; ils reviendront sur ces principes lorsque leur esprit se sera habitué à l'idée de limite et de continuité, par l'étude des quantités considérées dans cette science.

** En disant que deux quantités qui n'ont pas de commune mesure ont un rapport incommensurable, on énonce des mots qui n'ont aucune signification et on ne définit pas le rapport des deux quantités.

Si on ne l'a préalablement définie, on ne peut employer la locution rapport de deux quantités incommensurables, et on n'est pas en droit de poser les conditions d'égalité de pareils rapports et de les introduire dans le calcul.

2. — Il est donc important de généraliser et de donner une nouvelle extension aux mots nombre et rapport. Sans cette généralisation, les quantités qui n'ont pas de commune mesure avec l'unité, ne peuvent s'exprimer en nombres et par suite s'introduire dans le calcul.

Si une quantité n'a pas de commune mesure avec l'unité, nous prendrons une partie aliquote de l'unité, tendant indéfiniment vers zéro ; nous la porterons sur la quantité donnée autant de fois que possible, et en négligeant le reste, nous obtiendrons une quantité commensurable qui a la première pour limite. Cette nouvelle quantité est mesurée par un nombre fini et croissant. Nous convenons de faire croître les nombres d'une manière continue comme les quantités concrètes ; par suite de cette extension, le nombre fini et croissant, dont nous venons de parler, tend vers un nombre limite qui est la mesure de la grandeur donnée.

Ce nombre limite que l'on appelle, par analogie, nombre incommensurable, ne s'écrit pas en chiffres, mais il n'en existe pas moins, et on le désigne pas une notation *.

Donc, *le nombre incommensurable, qui mesure une quantité, st la limite du nombre commensurable mesurant une quantité variable ayant la première pour limite.*

3. — Soient deux quantités incommensurables entre elles, dont on cherche le rapport. Partageons l'une d'elles, la seconde que nous prenons pour unité, en parties égales tendant indéfiniment vers zéro ; soit n le nombre de ces parties. Portons l'une d'elles sur la première quantité, autant de fois que possible, m par exemple, et négligeons le reste, qui plus petit qu'une partie, tend indéfiniment vers zéro. On obtient ainsi une nouvelle quantité, dont la mesure ou le rapport à la

* Ainsi nous définissons $\sqrt{2}$, la limite de la racine d'un carré variable ayant 2 pour limite. En effet, il existe un carré variable et croissant, ayant 2 pour limite ; la racine de ce carré est un nombre fini et croissant, et par suite tendant vers un nombre limite, que nous désignons par $\sqrt{2}$.

Le logarithme de 5 est la limite du logarithme d'un nombre variable ayant 5 pour limite.

Si l'on n'a d'abord défini les mots *racine de* 2, *logarithme de* 5, il n'est pas permis de les employer, et on ne peut poser aucune relation où entrent les notations $\sqrt{2}$, log. 5.

On ne peut pas dire : la racine carrée de 2 est incommensurable, si l'on n'a commencé par définir le sens des mots *racine carrée de* 2.

seconde, est $\frac{m}{n}$. Ce nombre, mesurant une grandeur finie et croissante, est fini et croissant, et tend par suite vers une limite. Donc, *le rapport de deux grandeurs incommensurables, est la limite du rapport commensurable de l'une d'elles et d'une quantité variable ayant l'autre pour limite.*

4. — Une équation a lieu entre des nombres incommensurables, lorsqu'en remplaçant les nombres incommensurables par des nombres commensurables qui en diffèrent infiniment peu, les deux membres de l'équation tendent vers la même limite.

Ce n'est qu'en considérant les nombres incommensurables comme limites de nombres commensurables, que l'on arrive aux relations dont il s'agit; et elles ne peuvent et ne doivent jamais être entendues dans un autre sens.

MÉTHODE DES LIMITES.

5. — Une quantité qui peut recevoir successivement diverses valeurs s'appelle *variable.*

Les *variables indépendantes* sont celles dont les valeurs sont entièrement arbitraires.

Une *fonction ou variable dépendante* est une variable dont les valeurs sont déterminées par celles d'autres quantités. Ainsi la surface d'un triangle est une fonction de la base et de la hauteur qui sont des variables indépendantes. La circonférence est une fonction du rayon.

Une variable *varie d'une manière continue,* lorsque les accroissements successifs qu'elle reçoit tendent indéfiniment vers zéro.

Une fonction est *continue,* si elle varie d'une manière continue, en même temps que la variable dont elle dépend, c'est-à-dire si l'accroissement de la variable et l'accroissement correspondant de la fonction tendent indéfiniment vers zéro.

Une fonction peut être continue, tant que les valeurs des variables dont elle dépend sont comprises entre certaines limites, et devenir discontinue lorsque les variables sont en dehors de ces limites.

THÉORÈME.

6. — *Lorsque la variable, dont une fonction continue dépend, varie d'une manière continue, la fonction est constamment réelle, et passe d'un état de grandeur à un autre en passant par tous les états intermédiaires.*

En effet la fonction est toujours réelle ; car l'accroissement de la fonction et celui de la variable tendant simultanément vers zéro, si pour une valeur de la variable, la valeur de la fonction cessait d'être réelle, le mot accroissement de la fonction n'aurait plus de sens.

En second lieu, la fonction en passant d'une valeur à une autre passe par toutes les valeurs intermédiaires, car s'il n'en était pas ainsi, elle passerait brusquement d'une valeur à une autre, et par suite son accroissement ne tendrait pas indéfiniment vers zéro avec celui de la variable.

7. — La *limite* d'une quantité variable est une quantité fixe dont la variable peut approcher indéfiniment ; c'est-à-dire que la différence entre la variable et sa limite peut devenir moindre que toute quantité donnée.

Deux quantités variables constamment égales ont la même limite.

Si la première quantité tend vers une limite, la seconde quantité qui est toujours égale à la première tend vers la même limite.

THÉORÈME.

8. — *Quand on a une fonction continue de variables quelconques tendant simultanément vers certaines limites d'une manière continue ou discontinue, la limite de la fonction est égale à la fonction des limites.*

En effet, si on donne aux variables des valeurs différant infiniment peu de leurs limites respectives, la fonction étant continue, acquiert un état de grandeur qui diffère infiniment peu de l'état qu'elle prend, lorsque les variables y sont remplacées par leurs limites. Donc ce dernier état de grandeur est la limite de la fonction.

THÉORÈME.*

9. — *Lorsqu'une relation est fournie par une équation dont les deux membres sont des fonctions continues de variables quelconques, la relation entre les limites est identiquement la même que celle qui a lieu entre les variables.*

En effet, faisons tendre d'une manière continue ou discontinue les variables vers leurs limites respectives, les deux

* Ce théorème et les considérations relatives à la méthode des limites appartiennent au cours d'analyse de M. Duhamel.

membres de l'équation sont constamment égaux, leurs limites le sont aussi, et les limites des deux membres, s'obtenant en y remplaçant les variables par leurs limites respectives; le théorème énoncé est vrai.

On voit par le théorème précédent, que la méthode des limites consiste : à considérer les quantités dont on cherche la relation, comme limites de quantités plus simples, à établir la relation qui existe entre ces dernières, et à remplacer toutes les variables par leurs limites respectives.

Par exemple: si on a trouvé des relations où entrent soit le périmètre d'un polygone régulier inscrit dans une circonférence de rayon R, soit la surface de ce polygone, soit la surface ou le volume engendrés par la révolution de ce périmètre autour de l'un de ses diamètres comme axe; il n'y a qu'à remplacer immédiatement dans ces relations, le périmètre et les quantités qui en sont des fonctions, par leurs limites respectives; la circonférence, le cercle, la surface et le volume de la sphère de rayon R.

Toute la question se réduit donc à chercher d'une manière convenable les variables qui ont pour limites les quantités proposées. Parmi les différentes manières de choisir ces variables, il faut adopter celle qui donne un calcul simple, et conduisant rapidement à la relation que l'on veut découvrir.

PREMIÈRE PARTIE.

GÉOMÉTRIE PLANE.

LIVRE I.

ÉGALITÉ DES TRIANGLES.—THÉORIE DES PARALLÈLES.

DÉFINITIONS.

La *Géométrie* est la science de l'étendue.

Une portion de l'espace terminée de toutes parts se nomme *volume*.

Ce qui termine un volume est une *surface*.

Ce qui termine une surface est une *ligne*.

Les extrémités d'une ligne sont des *points*, ainsi le point géométrique n'a pas d'étendue.

La *ligne droite* est le plus court chemin d'un point à un autre. *Fig.* 1.

La *ligne brisée* est composée de lignes droites. *Fig.* 2.

La *ligne courbe* est celle qui n'est ni droite ni brisée. *Fig.* 3.

Le *plan* est une surface telle que si l'on y prend à volonté deux points, et qu'on les joigne par une droite, cette ligne est contenue toute entière dans la surface.

Lorsque deux lignes AB, BC, se rencontrent, elles forment un angle ABC. *Fig.* 4.

Deux *angles adjacents* sont ceux qui, ayant leur sommet sur une droite, sont situés du même côté de cette droite. Les angles AOB, BOC, sont adjacents. *Fig.* 5.

On appelle *parallèles* deux lignes qui situées dans le même plan ne peuvent se rencontrer à quelque distance qu'on les prolonge ; les lignes AB, CD. *Fig.* 6.

Le *triangle* est la portion de plan comprise entre trois droites qui se coupent, ABC. *Fig.* 7.

Le *quadrilatère* est la portion de plan comprise entre quatre droites qui se coupent, ABCD. *Fig.* 8.

Parmi les quadrilatères on distingue :

Le *carré* dont les quatre côtés sont égaux et les angles droits, ABCD. *Fig.* 9.

Le *rectangle* ayant les côtés opposés égaux et les angles droits, ABCD. *Fig.* 10.

Le *parallélogramme* ayant les côtés opposés parallèles, ABCD. *Fig.* 11.

Le *losange* ayant les quatre côtés égaux, ABCD. *Fig.* 12.

Enfin le *trapèze* ayant seulement deux côtés parallèles, BC, AD. *Fig.* 13.

Un *polygone convexe* est celui dans lequel un côté prolongé laisse tous les sommets d'un même côté de sa direction.

Un *lieu géométrique* est l'ensemble des points satisfaisant à des conditions données.

CHAPITRE PREMIER.

ÉGALITÉ DES TRIANGLES.

THÉORÈME.

1. *Par un point pris sur une droite, on peut élever une perpendiculaire à cette droite, et on ne peut en élever qu'une.*

Fig. 14. — Supposons que la droite OC coïncide d'abord avec OA et tourne autour du point O, de manière à occuper les positions OC, OD, OE. Dans ce mouvement continu, l'angle COA, qui était d'abord plus petit que son adjacent COB, devient l'angle EOA, plus grand que son adjacent BOE. Comme le plus petit angle est devenu le plus grand, et qu'il a augmenté d'une manière continue, tandis que le plus grand a diminué d'une manière continue, il s'ensuit qu'il y a pour la droite mobile OC, une position unique OD, pour laquelle les angles adjacents sont égaux. Ces angles adjacents égaux s'appellent *droits*, et les lignes qui les forment, *perpendiculaires*.

Corollaire. *Les angles droits sont tous égaux entre eux.* *Fig.* 15. — Soient les angles droits ABC, CEF; je porte EF sur la droite BC, de manière que le point E tombe en B, la ligne ED doit tomber sur la direction BA, puisqu'on ne peut élever par un point qu'une perpendiculaire sur une droite; donc, les angles ABC, CEF, coïncidant, sont égaux.

THÉORÈME.

2. *Deux angles adjacents forment une somme égale à deux angles droits.*

Fig. 16. — Soient les angles adjacents ABD, CBD, par le point B, j'élève BE, perpendiculaire sur AD, on aura

$$ABC = 1 \text{ droit} + EBC,$$
$$CBD = 1 \text{ droit} - EBC,$$

d'où $$ABC + CBD = 2 \text{ droits}.$$

Corollaire. *La somme des angles, formés autour d'un point et du même côté d'une droite, est égale à deux angles droits.*

La somme des angles, formés autour d'un point, est égale à quatre angles droits.

THÉORÈME.

3. *Réciproquement, si deux angles ayant même sommet et un côté commun, sont supplémentaires ou valent deux droits, les côtés extérieurs sont en ligne droite.*

Fig. 16. — Soit ABC + CBD = deux droits, ces deux angles ayant le côté BC commun, je dis que ABD est une ligne droite; en effet, le prolongement de AB, formera avec CB un angle supplémentaire de ABC, or BD satisfait à cette condition, donc BD est le prolongement de AB.

THÉORÈME.

4. *Les angles opposés au sommet sont égaux.*

Fig. 17. — Les angles BOA, COD, opposés au sommet, sont le premier par rapport à la ligne CA, le second par rapport à la ligne BD, adjacents ou supplémentaires de l'angle DOA, donc ils sont égaux entre eux.

THÉORÈME.

5. *Réciproquement, si les deux angles* BOA, COD, *ayant la position d'opposés au sommet sont égaux et si les côtés* CO, AO, *sont en ligne droite, les deux autres côtés le sont aussi.*

Fig. 17. — Prolongeons BO, ce prolongement fera avec CO un angle égal à AOB comme opposé par le sommet, mais OD formé déjà cet angle, donc OD est le prolongement de BO.

THÉORÈME.

6. *Deux triangles sont égaux lorsqu'ils ont un angle égal compris entre deux côtés égaux chacun à chacun.*

Fig. 18. — Soient les deux triangles ABC, A'B'C', ayant l'angle A = l'angle A', les côtés AB = A'B', BC = B'C', ces deux triangles sont égaux; en effet je porte le triangle A'B'C' sur le premier, de manière que l'angle B' coïncide avec son égal B. Le côté A'B' étant placé sur la direction AB, le point B' tombe en B, puisque ces deux côtés sont égaux, de même C' tombe en C; par suite les trois sommets coïncident, les triangles aussi, donc ils sont égaux.

On voit comme conséquence de la superposition des deux figures, que B = B', C = C', BC = B'C', *donc dans deux triangles égaux aux côtés égaux sont opposés des angles égaux, et aux angles égaux sont opposés des côtés égaux.*

THÉORÈME.

7. *Deux triangles sont égaux lorsqu'ils ont un côté égal compris entre deux angles égaux chacun à chacun.*

Fig. 18. — Soient les deux triangles ABC, A'B'C', dans lesquels BC = B'C', B = B', C = C', je dis qu'ils sont égaux. Je porte le triangle A'B'C' sur ABC de manière que le côté B'C' coïncide avec son égal BC, l'angle B' étant égal à l'angle B, le point A' tombera sur la direction BA, l'angle C' étant égal à l'angle C, le point A' tombera pareillement sur la direction CA, donc il tombera en A intersection des directions BA, CA; par suite, les deux triangles coïncident, donc ils sont égaux.

THÉORÈME.

8. *Dans un triangle, un côté quelconque est plus petit que la somme des deux autres, et plus grand que leur différence.* *Fig.* 19.

En effet, soit le triangle ABC, la ligne droite étant le plus court chemin d'un point à un autre, on a

$$BC < BA + AC,$$

pareillement $BC + BA > AC$, d'où $BC > AC - AB$.

THÉORÈME.

9. *Si on joint un point pris dans l'intérieur d'un triangle à deux sommets, la somme des lignes de jonction est moindre que la somme des côtés aboutissant aux mêmes sommets.*

Fig 19. — Soit le point O pris dans le triangle ABC et joint aux sommets A, C, je dis que :

$$AO + OC < AB + BC.$$

Je prolonge AO jusques à sa rencontre en D avec BC, on a en considérant les droites AD, OC,

$$AO + OD < AB + BD,$$
$$OC < OD + DC.$$

Ajoutant les premiers et les seconds membres de ces inégalités, il y a inégalité dans le même sens,

$$AO + OD + OC < AB + BD + OD + DC,$$

retranchant OD de chaque membre et reduisant,

$$AO + OC < AB + BC.$$

Corollaire. *Une ligne polygonale convexe est moindre qu'une ligne quelconque qui l'enveloppe et qui est terminée aux mêmes extrémités.*

Le périmètre d'un polygone convexe est moindre que la longueur d'une ligne quelconque qui l'enveloppe de toutes parts.

THÉORÈME.

10. *Si deux triangles ont deux côtés égaux chacun à chacun et si les angles compris entre ces côtés sont inégaux, au plus grand angle est opposé le plus grand côté.*

Fig. 20. — Soient les deux triangles ABC, A'B'C', dans lesquels on a AB = A'B', BC = B'C', ABC > A'B'C', je dis que AC > A'C'; en effet, je porte le triangle A'B'C' de manière que A'B' coïncide avec son égal AB, et je fais tourner le triangle autour de AB, de manière que le côté B'C' vienne prendre la position BD, et le côté A'C' la position DA, il faut démontrer que DA < AC; or, je partage l'angle DBC en deux parties égales et la ligne de division BE passe évidemment en E dans le plus grand angle ABC. Les deux triangles BDE, BEC, sont égaux comme ayant un angle égal compris entre deux côtés égaux chacun à chacun, les angles DBE, EBC, sont égaux par construction, le côté BE est commun, et BD = BC par hypothèse ; donc le côté DE = EC, puisque dans deux triangles égaux, aux côtés égaux sont opposés des angles égaux.

La ligne droite étant le plus court chemin d'un point à un autre, DA < DE + AE, remplaçant DE par son égal EC, DA < AE + EC, ou DA < AC, ou enfin A'C' < AC.

THÉORÈME.

11. *Deux triangles qui ont les trois côtés égaux chacun à chacun, sont égaux.*

Fig. 18. — Soient les deux triangles ABC, A'B'C', dans lesquels AB = A'B', BC = B'C', AC = A'C' ; ces deux triangles sont égaux. Car d'après le théorème précédent, si l'angle A' différait de l'angle A, le côté opposé B'C' différerait de BC, ce qui est contre l'hypothèse, donc les deux triangles ont un angle égal compris entre deux côtés égaux chacun à chacun, donc ils sont égaux.

THÉORÈME.

12. *Dans un triangle isocèle, aux côtés égaux sont opposés des angles égaux.*

Fig. 21. — Soit le triangle isocèle ABC, dans lequel AB = BC, je dis que A = C, je joins BD, le point D étant le milieu de AC. Les deux triangles ABD, BDC, sont égaux comme ayant les trois côtés égaux, AB = BC par hypothèse, BD est commun et AD = DC par construction ; dans deux triangles égaux, aux côtés égaux, sont opposés des angles égaux, donc A = C.

Corollaire. Les angles en D sont égaux par suite de l'égalité des triangles ADB, BDC ; ces angles étant adjacents sont droits, donc *la ligne qui dans un triangle isocèle va du sommet* B *au milieu de la base* AC *est perpendiculaire sur cette base.*

THÉORÈME.

13. *Réciproquement, si dans un triangle deux angles sont égaux, les côtés opposés le sont et le triangle est isocèle.*

Fig. 22. — Soit, le triangle ABC dans lequel A = C, je dis que le côté AB = BC; en effet, soit le triangle A'B'C' égal à ABC, on a AB = A'B'; je retourne le triangle A'B'C', et je le porte sur ABC, de manière que C' tombe en A, et A' en C, dans cette position les deux triangles coïncideront; en effet, les angles A, C' sont égaux entre eux, ainsi que C et A', puisque par hypothèse A = C = A' = C'. Donc A'B' coïncide avec BC, et BC = A'B', mais déjà AB = A'B', donc AB = BC.

THÉORÈME.

14. *De deux côtés d'un triangle, celui-là est le plus grand qui est opposé à un plus grand angle et réciproquement.*

Fig. 23. — Soit dans le triangle ABC, l'angle B > l'angle A, je dis que AC > BC; en effet dans l'angle B je fais l'angle DBA = l'angle A, le triangle ABD est isocèle et BD = AD, or la ligne droite BC donne, BC < BD + DC, remplaçant BD par son égal AD, BC < AD + DC, BC < AC.

Réciproquement, au plus grand côté est opposé le plus grand angle. Car d'après les deux théorèmes précédents si l'angle opposé au plus grand côté était égal à un autre angle ou plus petit qu'un autre angle, le côté opposé serait égal à un autre côté ou plus petit qu'un autre côté, ce qui est contraire à l'hypothèse.

THÉORÈME.

15. *Par un point pris hors d'une droite on ne peut abaisser qu'une perpendiculaire sur cette droite.*

Fig. 24. — Soit la droite BC et le point A pris hors de cette droite, faisons tourner la partie supérieure du plan autour de BC jusqu'à ce qu'elle coïncide avec la partie inférieure. Le point A vient prendre la position A'. Tirons AA', les angles

BDA, BDA' sont égaux et adjacents, par suite droits; AA' est perpendiculaire sur BC, et c'est la seule. Soit une autre droite AE perpendiculaire sur BC. Tirons A'E et faisons tourner le triangle ADE autour de BC pour l'appliquer sur DA'E; les angles AED, DEA', coïncidant, sont égaux; le premier est droit, le second le serait aussi et par suite AEA' serait une ligne droite (3), ce qui est est absurde; car deux points déterminent une droite unique, et la ligne AA' joignant A et A', il ne peut exister une seconde droite AEA' entre les deux mêmes points.

THÉORÈME.

16. *La plus courte distance d'un point à une droite est la perpendiculaire abaissée du point sur la droite.*

Deux obliques s'écartant également du pied de la perpendiculaire sont égales.

L'oblique la plus éloignée du pied de la perpendiculaire est la plus longue.

Fig. 25. — Soit la perpendiculaire AD, et les obliques AB, AE, AF menées du point A sur la ligne BC. Je prolonge AD d'une quantité égale DA', et je joins A'E, A'F. Si je fais tourner la partie supérieure de la figure autour de BC, le point A vient s'appliquer en A' et par suite AE = A'E, AF = A'F.

On a (8), AA' < AE + EA', et en prenant la moitié de chaque membre, AD < AE; donc la perpendiculaire est plus courte qu'une oblique.

Si les distances DB, DE, au pied de la perpendiculaire sont égales, les triangles ABD, ADE sont égaux comme ayant les angles en D égaux comme droits, le côté AD commun, et BD = DE par hypothèse. Par suite AB = AE. Deux obliques également éloignées du pied de la perpendiculaire sont égales.

Dans le triangle AA'F on a (9)

$$AE + A'E < AF + FA',$$

Prenant la moitié de chaque membre,

$$AE < AF.$$

L'oblique la plus éloignée de la perpendiculaire est la plus longue.

Réciproquement, deux obliques égales sont également éloignées du pied de la perpendiculaire, car sans cela elles seraient inégales.

De deux obliques la plus longue est la plus éloignée, car s'il n'en était pas ainsi elle serait égale ou inférieure à l'autre en longueur.

THÉORÈME.

17. *La perpendiculaire élevée sur le milieu d'une droite est le lieu des points également distants des extrémités de cette droite.*

Fig. 26. — Soit CD la perpendiculaire élevée sur le milieu de AB, tout point D de la perpendiculaire a pour distance aux points A et B, les obliques égales DA, DB (16).

Soit E un point pris en dehors de la perpendiculaire, et D la rencontre de la perpendiculaire avec EA, on a

$$EB < ED + DB, \text{ mais } DB = AB,$$

$$\text{donc } EB < ED + DB, \text{ ou } EB < EA.$$

Un point, pris hors de la perpendiculaire élevée sur le milieu d'une droite, est inégalement distant des extrémités de cette droite.

THÉORÈME.

18. *Deux triangles rectangles sont égaux lorsque ils ont l'hypoténuse égale et un côté égal.*

Le triangle rectangle est celui qui a un angle droit, le côté opposé à l'angle droit se nomme hypoténuse.

Fig. 27. — Soient les deux triangles rectangles ABC, A'B'C' ayant l'hypoténuse égale et un côté égal, BC=B'C', AB=A'B'; ils sont égaux. En effet les obliques BC, B'C' étant égales, sont également éloignées du pied de la perpendiculaire, donc AC = A'C'; les deux triangles ont les trois côtés égaux, donc ils sont égaux.

THÉORÈME.

19. *Deux triangles rectangles qui ont l'hypoténuse égale et un angle égal sont égaux.*

Fig. 27. — Soient les deux triangles rectangles ABC, A'B'C', dans lesquels BC=B'C', B=B', ces deux triangles sont égaux. En effet je porte A'B'C' sur ABC de manière à faire coïncider B' avec son égal B, le point C' tombe en C, et la ligne B'A' sur la direction BA; mais C'A' perpendiculaire sur B'A', l'est sur BA, et tombe sur la direction CA, donc A' tombe en A; les deux triangles coïncident, donc ils sont égaux.

THÉORÈME.

20. *Si deux droites se coupent, les bissectrices des angles formés par ces droites donnent le lieu géométrique des points également distants de ces droites.*

Fig. 28.—Soient AB, CD, les deux droites données, et LK la bissectrice de l'un des angles DOA formés par ces lignes. Prenons le point E sur cette bissectrice, et abaissons EG, EF, perpendiculaires sur BA, CD; les triangles rectangles EOG, EOF sont égaux, comme ayant l'hypoténuse EO commune et les angles EOG, EOF égaux; donc

$$EG = EF.$$

Soit le point H pris en dehors des bissectrices, menons HI, HF, perpendiculaires sur les lignes données et par le point E, où HF coupe la bissectrice LK, abaissons EG perpendiculaire sur OA, tirons HG, on a

$$HI < HG < GE + EH = HF.$$

Tout point situé en dehors des bissectrices des angles formés par deux lignes est inégalement distant de ces lignes.

CHAPITRE DEUXIÈME.

THÉORIE DES PARALLÈLES.

THÉORÈME.

21. *Deux droites perpendiculaires sur une troisième sont parallèles.*

Fig. 29. — Les lignes DC, AF, perpendiculaires sur AD, ne peuvent se rencontrer, puisque d'un point on ne peut abaisser qu'une perpendiculaire sur une droite (15).

THÉORÈME.

22. *Par un point on ne peut mener qu'une seule parallèle à une droite.*

Fig. 29.—Soient la droite BC et le point A. Je mène AD perpendiculaire sur BC et AF perpendiculaire sur AD. La ligne EAF est parallèle à BC. Nous admettons que c'est la seule que l'on puisse mener par le point A.

Corollaire. *Si deux droites sont parallèles, toute ligne perpendiculaire sur l'une d'elles est perpendiculaire sur l'autre.*

Remarque. Si nous joignons le point A à un point H de la ligne BC, et que le point H s'éloigne indéfiniment dans le sens DC ou DB, la ligne AH devient parallèle à BC et par conséquent tend vers une position limite unique.

Si l'on admet comme évident, que AH tend vers une position limite unique, il en résulte que par un point on ne peut mener qu'une seule parallèle à une droite.

THÉORÈME.

23. *Deux lignes parallèles à une troisième sont parallèles entre elles.*

Fig. 30. — Soient les lignes AB, CD, parallèles à EF; la ligne GH perpendiculaire sur EF l'est aussi (22) sur AB et CD; donc ces dernières sont parallèles.

THÉORÈME.

24. *Lorsque deux parallèles sont rencontrées par une sécante, les quatre angles aigus qui en résultent sont égaux entre eux, ainsi que les quatre angles obtus.*

Fig. 31. — Soient les parallèles IB, LF rencontrées par la sécante GH; je dis que les angles aigus DCO, OAE sont égaux. En effet, par le milieu O de la droite CA, je mène DE perpendiculaire sur les deux parallèles. Les triangles rectangles DOC, OAE sont égaux comme ayant l'hypoténuse égale et un angle égal : AO = OC par construction, les angles en O des deux triangles sont opposés par le sommet et par suite égaux. De l'égalité des deux triangles, il résulte que l'angle DCO = l'angle OAE, les deux autres angles aigus formés par les parallèles et la sécante sont égaux comme opposés par le sommet aux deux précédents.

Les quatre angles obtus sont égaux comme suppléments des angles aigus.

Deux angles situés l'un d'un côté de la sécante, l'autre de l'autre, s'appellent *alternes internes*, s'ils sont dans l'intérieur des parallèles, et *alternes externes* dans le cas contraire. Les angles tels que GCF, GAB, sont correspondants.

THÉORÈME.

25 *Réciproquement, si deux lignes forment avec une troisième des angles aigus ou obtus, égaux entre eux, elles sont parallèles.*

Fig. 32. — Soit la sécante EF formant les deux angles égaux CGE, FHB ayant la position d'alternes internes par rapport aux droites AB, CD; ces lignes sont parallèles. En effet, si par le point G je mène une parallèle à AB, elle fera avec EF au point G un angle égal à FHB, mais comme cet angle existe déjà, la parallèle se confond avec CD, donc CD est parallèle à AB.

THÉORÈME.

26. *Deux angles qui ont leurs côtés parallèles ou perpendiculaires sont égaux ou supplémentaires.*

Fig. 33.— Soient les angles ABC, A'B'C', ayant leurs côtés parallèles; soit D le point d'intersection, de BC et A'B' prolongées si c'est nécessaire. Les angles ABC, A'B'C' sont égaux comme correspondants de l'angle A'DC; donc ils sont égaux entre eux.

Les angles ABC, AB'E, qui ont aussi leurs côtés parallèles, sont supplémentaires.

Fig. 34. — Soient les angles ABC, A'B'C' ayant leurs côtés perpendiculaires; par le point A, je mène BE, BD parallèles à B'C', B'A', et par suite perpendiculaires sur BC, BA; les angles DBE, ABC, sont égaux comme compléments du même angle EBA, mais DBE=A'B'C', comme ayant leurs côtés parallèles, donc ABC = A'B'C'.

ABC est le supplément de C'B'F.

THÉORÈME.

27. *La somme des trois angles d'un triangle est égale à deux angles droits.*

Fig. 35. — Soit le triangle ABC, je prolonge AC, et je mène CD parallèle à AB. Les trois angles, formés en C au-dessus de la ligne AE, sont égaux aux trois angles du triangle, car l'angle C en est un, l'angle A = BCE comme correspondants, et B = BCD comme alternes internes; donc la somme des trois angles d'un triangle égale deux droits (2).

THÉORÈME.

28. *La somme des angles d'un polygone convexe est égale à autant de fois deux angles droits qu'il y a de côtés moins deux.*

Fig. 36.—Soit ABCDE le polygone donné, je joins un sommet B à tous les autres non adjacents ; on aura autant de triangles qu'il y a de côtés, moins les deux partant du point B. La somme des angles de ces triangles est égale à la somme des angles du polygone ; s'il y a n sommets, il y a n—2 triangles, donc en appelant S la somme des angles du polygone,

$$S = (n - 2)\ 2 \text{ droits.}$$

THÉORÈME.

29. *Dans un parallélogramme les côtés opposés sont égaux, ainsi que les angles opposés.*

Fig. 37.—Soit le parallélogramme ABCD, menons la diagonale BD. Les triangles ABD, DBC, sont égaux comme ayant un côté égal adjacent à deux angles égaux chacun à chacun. En effet BD est commun, et angle ABD = angle BDC, angle BDA = angle DBC, comme alternes internes. Donc BC = AD, BA = CD, angle A = angle C; quant aux angles B, D, ils sont égaux comme composés de parties égales.

THÉORÈME.

30. *Si dans un quadrilatère deux côtés opposés sont égaux et parallèles, la figure est un parallélogramme.*

Fig. 37.—Soit le quadrilatère ABCD, dans lequel AD, BC, sont égaux et parallèles ; je dis que la figure est un parallélogramme, c'est-à-dire que BA et CD son parallèles. En effet menons la diagonale BD, les triangles ABD, BDC, ayant l'angle ADB = l'angle DBC, comme alternes internes, BC commun, et AD = BD par hypothèse, sont égaux ; donc l'angle ABD = l'angle BDC, et comme ils ont la position d'alternes internes, AB et DC sont parallèles.

THÉORÈME.

31. *Si dans un quadrilatère les côtés opposés sont égaux deux à deux, la figure est un parallélogramme.*

Fig. 37. — Soit le quadrilatère ABCD, dans lequel AB=CD, AD=BC; je dis que les côtés égaux sont parallèles. Joignons BD, les deux triangles ABD, BDC sont égaux comme ayant les trois côtés égaux, donc angle ABD = angle BDC. Par suite AB et CD sont parallèles. Il en est de même de BC et AD.

THÉORÈME.

32. *Dans un parallélogramme les diagonales se coupent en parties égales.*

Fig. 38. — Soit le parallélogramme ABCD, AC, BD les diagonales; on a AO=OC, BO=OD; en effet les triangles ABO, CDO ont un côté égal AB=DC (29) adjacent à deux angles égaux chacun à chacun, angle OAB = angle OCD, angle OBA = angle ODC, comme alternes internes ; donc ils sont égaux, donc AO = OC, DO = BO.

Fig. 39. — Corollaire. *Dans un losange les diagonales sont perpendiculaires l'une sur l'autre:* car le point O et le point C étant également distants de A et de B, la ligne CO est perpendiculaire sur le milieu de AB (17).

LIVRE II.

LA CIRCONFÉRENCE. — LA MESURE DES ANGLES.

DÉFINITIONS.

Fig. 40. — La *circonférence* est une ligne courbe dont tous les points sont à égale distance d'un point intérieur appelé *centre ;* le *cercle* est la surface limitée par la circonférence.

Le *rayon* OA est une ligne allant du centre à la circonférence.

Toute ligne DA qui joint deux points de la circonférence est une *corde.*

Toute corde BC qui passe par le centre est un *diamètre.*

On appelle *segment de cercle* la portion de cercle comprise entre un arc et sa corde ; — *secteur* la partie de cercle comprise entre deux rayons.

Fig. 41. — La *tangente* à une circonférence, et en général à une courbe quelconque, est la position limite BC, d'une sécante AD, dont les deux points d'intersection se réunissent en un seul.

Fig. 50 *et* 51. — Deux circonférences ayant un point commun et même tangente en ce point sont dites *tangentes.*

CHAPITRE PREMIER.

LA CIRCONFÉRENCE.

THÉORÈME.

33. *Le diamètre est la plus grande corde du cercle.*
Il divise la circonférence et le cercle en deux parties égales.

Fig. 42. — 1° Soit AB une corde, le triangle ABC donne AB $<$ AC $+$ CB, ou AB $<$ AD.

2° Faisons tourner la partie ABD de la figure autour du diamètre AD, pour l'appliquer sur la partie AED, le centre restant immobile sur l'axe de rotation AD, demeure toujours à la même distance de tous les points de l'arc fixe et de l'arc mobile; donc l'arc ABD s'appliquera exactement sur l'arc AED, car s'il en était autrement, il y aurait dans une circonférence des points inégalement distants du centre.

THÉORÈME.

34. *Si dans le même cercle ou dans des cercles égaux, deux arcs sont égaux, les cordes sont égales.*

Fig. 43. — Soient deux cercles égaux O, O', et les arcs égaux AB, A'B'. Je porte le second cercle sur le premier, de manière à faire coïncider les centres et les arcs égaux; les cordes AB, A'B', ont mêmes extrémités et sont égales.

THÉORÈME.

35. *Réciproquement, dans des cercles égaux à des cordes égales correspondent des arcs égaux.*

Fig. 43. — Soient les cercles égaux, O, O′, et les cordes égales AB, A′B′; les deux triangles ABO, A′B′O′, sont égaux comme ayant les trois côtés égaux chacun à chacun; si on les fait coïncider, les arcs AB, A′B′, ayant mêmes extrémités, coïncident et sont égaux, car s'ils ne coïncidaient pas il y aurait sur une circonférence des points inégalement éloignés du centre.

THÉORÈME.

36. *Dans le même cercle ou dans des cercles égaux, le plus grand arc est sous-tendu par la plus grande corde et réciproquement.*

Fig. 44. — Il s'agit d'arcs moindres que la demi-circonférence. Soient les arcs AB, CB, tels que AB > CB, je puis toujours leur donner même extrémité en B; joignant les extrémités des arcs au centre, les deux triangles qui en résultent ont deux côtés égaux chacun à chacun, mais angle AOB > angle COB, donc AB > CB, (10).

Réciproquement, à la plus grande corde correspond le plus grand arc, car si cet arc était égal ou inférieur à l'autre, la corde serait aussi égale ou inférieure à l'autre corde, ce qui est contre l'hypothèse.

THÉORÈME.

37. *Le rayon perpendiculaire à une corde divise cette corde et l'arc sous-tendu en deux parties égales.*

Fig. 45. — Du centre O j'abaisse OC perpendiculaire sur la corde AB, les rayons AO, OB, sont des obliques égales; donc C est le milieu de la corde, par suite les obliques DA, DB, sont égales, ainsi que les arcs sous-tendus.

THÉORÈME.

38. *Dans le même cercle ou dans des cercles égaux, deux cordes égales sont également éloignées du centre et réciproquement.*

Fig. 46. — 1° Soient O, O′, deux cercles égaux, AB, A′B′,

deux cordes égales ; OC, O'C', leurs distances au centre. Joignons OB, O'B', les triangles rectangles OBC, O'B'C', sont égaux comme ayant l'hypoténuse égale, OB=O'B', et un côté égal, BC = B'C', par hypothèse; donc les distances au centre, OC, O'C', sont égales.

2° Si les distances au centre OC, O'C' sont égales, les deux triangles précédents sont égaux comme ayant l'hypoténuse égale et un côté égal, donc, CB = C'B'; les cordes AB, A'B' sont donc égales.

THÉORÈME.

39. *Dans le même cercle ou dans des cercles égaux, la plus grande corde est la moins éloignée du centre et réciproquement.*

Fig. 47. — 1° Soient les cordes AB, CD, et AB > CD; je puis leur donner même extrémité sans changer leur grandeur et par suite leur distance au centre ; or la figure indique, OD et OE étant les perpendiculaires sur ces cordes, que

$$OD < OF < OE.$$

2° La corde la moins éloignée du centre est la plus grande, car si elle était égale ou inférieure à l'autre corde elle ne serait pas la moins éloignée du centre.

THÉORÈME.

40. *Dans une circonférence, le rayon qui va au point de contact est perpendiculaire sur la tangente.*

Fig. 41.—Soit, la corde AD, et le rayon OE qui passe par le milieu de la corde ; je fais tourner la corde autour du point A, quand le point D vient en A, la corde AD devient la tangente AC, et le rayon OE devient OA ; comme dans toutes les positions OE est perpendiculaire sur la corde, OA est perpendiculaire sur la tangente.

Corollaire. *La tangente n'a qu'un point de commun avec la circonférence* ; car tout autre point que A est éloigné du centre d'une distance supérieure à un rayon (16).

THÉORÈME.

41. *Deux lignes parallèles interceptent sur la circonférence des arcs égaux.*

Fig. 48.— 1° Si les deux parallèles BC, DE sont sécantes, en leur menant un diamètre perpendiculaire, les arcs BD, CE sont égaux comme différences, AD—BA, AE—AC, de quantités égales ; car la perpendiculaire à une corde divise l'arc sous-tendu en deux parties égales.

2° Si une des parallèles, ou les deux, sont tangentes, le diamètre qui leur est perpendiculaire contient le point ou les points de contact, et la figure montre évidemment l'égalité des arcs.

CHAPITRE DEUXIÈME.

LE CONTACT DES CERCLES.

THÉORÈME.

42. *Lorsque deux circonférences se coupent, la ligne des centres est perpendiculaire sur le milieu de la corde commune.*

Fig. 49. — En effet, si par le milieu de la corde AB, commune à deux circonférences, j'élève une perpendiculaire, elle contient les deux centres (37).

Si les deux points d'intersection se réunissent en un seul, les circonférences sont tangentes, la ligne des centres contient le point de contact, et est perpendiculaire à la tangente commune, qui est la position limite de la corde AB.

Fig. 49.— Corollaire. Si deux circonférences ont un seul point commun, il se trouve sur la ligne des centres, car si le point commun A est en dehors de cette ligne, la perpendiculaire AI sur la ligne des centres, prolongée d'une quantité égale IB, donnerait la corde commune AB.

THÉORÈME.

43. *Lorsque deux circonférences se coupent, la distance des centres est plus petite que la somme, et plus grande que la différence des rayons.*

Fig. 49. — Soient les circonférences O, O′, se coupant en A. Le point A est situé hors de la ligne des centres; on peut toujours construire le triangle OO′A, dans lequel on a, en posant $OO'=D$, $OA=R$, $O'A=r$;

$$D<R+r,$$

$$D>R-r.$$

THÉORÈME.

44. *Lorsque deux circonférences sont tangentes, la distance des centres est égale à la somme ou à la différence des rayons.*

Fig. 50 *et* 51. — Le point de contact se trouvant sur la ligne des centres, il résulte de la figure, selon que les circonférences sont tangentes extérieurement ou intérieurement;

$$D=R+r,$$

$$D=R-r.$$

THÉORÈME.

45. *Si deux circonférences sont extérieures ou intérieures l'une à l'autre, la distance des centres est plus grande que la somme ou plus petite que la différence des rayons.*

Fig. 52 *et* 53. — Dans le premier cas, on a $D>R+r$.

Dans le second $D<R-r$.

THÉORÈME.

46. *Les réciproques des trois énoncés précédents sont également vraies.*

Par exemple si l'on a $D < R + r$, et $D > R - r$, les circonférences se coupent : en effet si elles étaient tangentes, l'une des inégalités précédentes deviendrait une égalité, si elles étaient à distance, l'une des inégalités ci-dessus aurait lieu en sens inverse; or tout cela est contraire à l'hypothèse; donc les circonférences ne sont point tangentes, ne sont pas à distance, elles se coupent.

CHAPITRE TROISIÈME.

LA MESURE DES ANGLES.

THÉORÈME.

47. *Dans le même cercle, ou dans des cercles égaux, les angles au centre égaux correspondent à des arcs égaux et réciproquement.*

Fig. 43.—En effet si les angles AOB, A'O'B' sont égaux, en faisant coïncider à la fois les circonférences et les angles, les arcs AB, A'B' coïncideront et réciproquement.

THÉORÈME.

48. *Le rapport de deux angles égale le rapport des arcs interceptés entre leurs côtés et décrits de leurs sommets comme centres avec le même rayon.*

Fig. 54. — Soient les angles CAB, EDF; et CB, EF, les arcs interceptés entre leurs côtés, et décrits des sommets A, D, comme centres, avec des rayons égaux; on aura l'égalité de rapports,

$$\frac{CAB}{EDF} = \frac{CB}{EF}.$$

En effet, soit une partie aliquote de EF, contenue deux fois dans EF et trois fois dans l'arc CB,

$$\frac{CB}{EF} = \frac{3}{2}.$$

En joignant au centre les points de division des arcs, on voit qu'il y a dans EDF deux angles, et dans CAB trois angles égaux entre eux, puisque les arcs interceptés par leurs côtés sont égaux, donc

$$\frac{CAB}{EDF} = \frac{3}{2},$$

par suite

$$\frac{CAB}{EDF} = \frac{CB}{EF}.$$

Lorsqu'une relation existe entre des quantités commensurables, quelque petites que soient les communes mesures, la même relation a lieu dans tous les cas, que les quantités considérées soient commensurables ou non.

En effet, faisons tendre indéfiniment vers zéro les communes mesures, la relation existe entre des quantités variables commensurables pouvant différer infiniment peu des quantités proposées, donc elle a lieu entre les quantités proposées. *Introduction* (7 *et* 9).

Prenons pour exemple la relation établie ci-dessus.

Fig. 55. — Si les deux arcs donnés n'ont pas de commune mesure, je prends une partie aliquote de EF, et je la fais tendre indéfiniment vers zéro. Je porte cette partie aliquote sur CB, autant de fois que possible, de C en G, et je néglige le reste GB plus petit que la subdivision dont il s'agit. Tirons AG, les arcs CG, EF sont commensurables entre eux, par suite:

$$\frac{CAG}{EDF} = \frac{CG}{EF}.$$

L'arc GB et l'angle GAB tendant indéfiniment vers zéro,

l'arc CG et l'angle CAG ont pour limites l'arc CB et l'angle CAB; donc remplaçant les variables par leurs limites, on a :

$$\frac{CAB}{EDF} = \frac{CB}{EF}.$$

Corollaire. *Dans le même cercle, ou dans des cercles égaux, le rapport de deux secteurs égale le rapport des arcs correspondants.*

THÉORÈME.

49. *L'angle au centre a la même mesure que l'arc compris entre ses côtés.*

Fig. 54. — Soit à mesurer l'angle au centre CAB : je prends l'angle EDF pour unité d'angle, et l'arc EF compris entre ses côtés et décrit de son sommet comme centre, pour unité d'arc.

Soit CB, l'arc compris entre les côtés de l'angle donné, et décrit du point A, comme centre, avec un rayon égal à DE ; on a vu que

$$\frac{CAB}{DEF} = \frac{CB}{EF}, \quad \text{ou} \quad \frac{CAB}{1} = \frac{CB}{1}, \quad \text{ou} \quad CAB = CB.$$

Ce qui prouve que le nombre qui mesure un angle au centre est égal au nombre qui mesure l'arc intercepté entre ses côtés, pourvu que l'unité d'arc soit l'arc intercepté entre les côtés de l'unité d'angle, et décrit du sommet comme centre avec un rayon égal à celui de l'arc intercepté entre les côtés de l'angle donné.

L'unité d'arc est égale à $\frac{1}{360}$ de la circonférence. On l'appelle degré ; le degré vaut 60 minutes, et la minute, 60 secondes.

Une circonférence $= 60°$, $1° = 60'$, $1' = 60''$.

THÉORÈME.

50. *L'angle inscrit a la même mesure que la moitié de l'arc compris entre ses côtés.*

Fig. 56. — Soit l'angle CBD inscrit : on aura $CBD = \frac{CD}{2}$.
Je suppose que le côté BD est un diamètre ; joignons OC ; le triangle BOC est isocèle, et l'angle COD étant égal à la somme des angles OBC, OCB, est double de CBD, donc $CBD = \frac{COD}{2} = \frac{CD}{2}$.

Si on a l'angle inscrit ABC, en menant par le sommet un diamètre BD, il vient $ABC = ABD - CBD = \frac{AD - CD}{2} = \frac{AC}{2}$. Si le centre est dans l'intérieur de l'angle, on agit d'une manière analogue.

THÉORÈME.

51. *L'angle formé par une tangente et une corde a la même mesure que la moitié de l'arc compris entre ses côtés.*

Fig. 57. — Soit l'angle inscrit CBA : on a $CBA = \frac{CA}{2}$. Si le point A vient en B, la corde BA devient la tangente BE ; l'arc CA et l'angle CBA ont pour limites, arc CAB, angle CBE ; donc

$$CBE = \frac{CAB}{2}.$$

THÉORÈME.

52. *Un angle dont le sommet est intérieur à la circonférence, a la même mesure que la demi-somme des arcs compris entre ses côtés et leurs prolongements.*

Fig. 58. — Soit l'angle ABC : je joins CA'; et le triangle BA'C donne $ABC = \text{angle } C + \text{angle } A' = \frac{AC + A'C'}{2}$.

Si le sommet est extérieur à la circonférence, on verra par un procédé analogue, que l'angle a la même mesure que la demi-différence des arcs interceptés entre ses côtés.

CHAPITRE QUATRIÈME.

PROBLÈMES.

PROBLÈME.

53. *Par un point pris sur une ligne, élever une perpendiculaire sur cette ligne.*

Fig. 59. — Soit le point A, pris sur BC : je détermine les points B et C à égale distance du point A; de ces deux points comme centres, avec un rayon plus grand que la moitié de BC, je décris deux arcs qui se coupent en D ; je tire DA, et cette ligne est la perpendiculaire sur BC, comme contenant deux points également distants de B et C.

PROBLÈME.

54. *D'un point pris hors d'une droite, abaisser une perpendiculaire sur cette droite.*

Fig. 60. — Soit le point A pris hors de la droite CD : du point A comme centre, et d'un rayon suffisamment grand, je décris un arc de cercle qui détermine sur la droite la corde CD. Je prends le point B à égale distance de C et D, je joins AB ; cette ligne est la perpendiculaire à CD.

PROBLÈME.

55. *Faire un angle égal à un angle donné.*

Fig. 61. — Soit l'angle donné A. Du sommet comme centre, je décris avec un rayon quelconque un arc BC. Du point D pris sur la ligne DE, comme centre, je décris un arc de même rayon; je prends avec une ouverture de compas, EF = BC; je joins DF, et l'angle D = A.

PROBLÈME.

56. *Partager une droite, un angle, ou un arc en deux parties égales.*

Fig. 62. — Soit la droite AB : des points A et B comme centres, je décris avec le même rayon suffisamment grand deux arcs qui se coupent en E et F ; la ligne EF est perpendiculaire sur le milieu G de AB.

Fig. 63. — Si on veut diviser l'angle C en deux parties égales, du point C comme centre, on décrit un arc ; et on partage en deux parties égales la portion AB, comprise entre les deux côtés de l'angle, en élevant, d'après le procédé précédent, une perpendiculaire sur le milieu de la corde AB.

PROBLÈME.

57. *Par un point mener une parallèle à une droite.*

Fig. 64. — Soient AD, F, la ligne et le point donnés. Du point F comme centre, et d'un rayon suffisamment grand, décrivez l'arc indéfini DE. Du point D, comme centre, avec le même rayon, décrivez l'arc AF; prenez ED = AF, tirez FE, c'est la parallèle demandée; car les angles égaux, ADF, DFE, ont la position d'alternes internes.

PROBLÈME.

58. *Construire un triangle connaissant les trois côtés.*

Fig. 65. — Soient a, b, c, les trois côtés donnés. Je prends CB $= a$, je décris un arc, du point C comme centre, avec b pour rayon ; du point B, comme centre, avec c pour rayon, je décris un autre arc qui coupe le premier en A ; le triangle ABC est le triangle demandé.

Pour que le problème soit possible, on doit avoir un côté quelconque plus petit que la somme, et plus grand que la différence des deux autres.

$$a < b + c,$$
$$a > b - c.$$

PROBLÈME.

59. *Construire un triangle, étant donnés deux côtés et l'angle compris.*

Fig. 66. — Soient a, b, C les données ; je fais un angle égal à l'angle C. Je prends BC $= a$, CA $= b$; je joins AB, et j'ai le triangle demandé.

PROBLÈME.

60. *Construire un triangle, étant donnés deux côtés et l'angle opposé à l'un d'eux.*

Fig. 68. — Soient a, b, A les côtés et l'angle donnés. Je fais un angle égal à A, je prends AC $= b$; du point C comme centre, avec a comme rayon, je décris un arc qui coupe l'autre côté de l'angle A en B et B'; je joins CB, CB'. Les deux triangles ACB, ACB′ répondent à l'énoncé. On voit que le nombre de solutions est égal au nombre d'intersections de l'arc avec le côté ABB′, les intersections étant situées à la droite du point A.

PROBLÈME.

61. *Connaissant un côté et deux angles d'un triangle, décrire le triangle.*

Fig. 67. — Soient donnés a, B, C; les angles sont adjacents au côté. Je prends BC $= a$, je fais B et C égaux aux angles donnés; les côtés qui les forment se coupent en A; le triangle ABC est la solution.

Si les deux angles donnés ne sont pas adjacents au côté donné, on détermine le troisième angle en prenant le supplément de la somme des deux premiers.

PROBLÈME.

62. *Par trois points non en ligne droite, faire passer une circonférence.*

Fig. 69. — Soient A, B, C les trois points donnés. Si le problème admet des solutions, le centre d'une circonférence passant par les trois points A, B, C, est également distant de ces points, et se trouve à la fois sur les perpendiculaires élevées sur les milieux des droites AB, BC, CA. Ces perpendiculaires ne pouvant se couper à la fois qu'en un seul point, il ne peut y avoir tout au plus qu'une seule solution; pour qu'elle existe, il faut d'abord que les perpendiculaires EO, FO, sur les milieux de AB, BC, se coupent en un point O. Ce point est également distant de A, B, C, et appartient par suite à la perpendiculaire AG élevée sur AC par son milieu G. Le point O est le centre de la circonférence cherchée. La distance de O aux trois points donnés en est le rayon.

Le problème n'admet pas de solution, si les deux perpendiculaires EO, FO, ne se rencontrent pas; mais alors elles sont parallèles; et par un même point B, elles ont une perpendiculaire commune ABC (22); dans ce cas, les trois points donnés sont en ligne droite.

Corollaire. *Trouver le centre d'un arc ou d'un cercle donnés.*

PROBLÈME.

63. *Par un point donné, mener une tangente à une circonférence donnée.*

Fig. 70. — Si le point est sur la circonférence, on élève une perpendiculaire à l'extrémité du rayon qui passe en ce point.

Soit, le point A extérieur à la circonférence O, AB la tangente cherchée. Joignons OB; l'angle B est droit; donc pour déterminer le point B, je décris, sur AO comme diamètre, une circonférence, dont l'intersection avec la circonférence O donne le point B.

Scolie. *Il y a deux solutions; et les deux tangentes sont également inclinées sur la ligne* AO, *puisque les arcs* OB, OC *sont égaux, comme ayant des cordes égales.*

PROBLÈME.

64. *Inscrire un cercle dans un triangle.*

Fig. 71. — Soit ABC le triangle donné; si le problème admet des solutions, on voit par le scolie précédent, que le centre d'un cercle inscrit est situé sur les trois bissectrices des angles du triangle. Comme ces trois bissectrices ne peuvent se rencontrer à la fois qu'en un seul point, il ne peut y avoir qu'un seul centre et par suite qu'une seule solution.

Cette solution existe toujours; car les bissectrices des angles A et B se rencontrent en un point O également distant des trois côtés du triangle (20), et par suite appartenant à la bissectrice de l'angle C. Le point O est le centre du cercle inscrit au triangle, et la distance de ce point aux trois côtés en est le rayon.

PROBLÈME.

65. *Sur une droite donnée, décrire un segment capable d'un angle donné.*

Fig. 72. — Soit AB la ligne donnée. Supposons le problème résolu, et l'arc AMB tel, que tout angle inscrit dans ce segment soit égal à l'angle donné M; l'angle ABC formé par la tangente en B, et la corde AB, a la même mesure que M; donc il est égal à M; on fera en B, l'angle ABC=M; et l'intersection de la perpendiculaire DO sur le milieu de la corde AB, avec BO perpendiculaire sur la tangente BC, donnera le centre du segment cherché.

PROBLÈME.

66. *Construire une tangente commune à deux circonférences.*

Fig. 73. — Soient les circonférences O, O'. Supposons le problème résolu, et AB la tangente commune. Les rayons O'A, OB qui vont aux points de contact, sont parallèles. Par le point O', je mène OC', parallèle à AB; CO est la différence des deux rayons et est perpendiculaire sur O'C. Donc, pour résoudre le problème, je décris du centre de la plus grande circonférence, une nouvelle circonférence, qui a pour rayon la différence des rayons donnés; par le point O', je lui mène une tangente O'C, et le rayon OCB me donne le point de contact B; il y a deux solutions.

Fig. 74. — Pour avoir les tangentes intérieures, on voit, par un raisonnement identique, qu'il faut du point O décrire une circonférence auxiliaire, avec un rayon égal à la différence des rayons donnés.

Suivant la position des circonférences, le nombre des solutions peut varier de 0 à 4.

LIVRE III.

LE RAPPORT DES LIGNES. — LA SIMILITUDE.

DÉFINITIONS.

On appelle *polygones semblables*, ceux qui ont leurs angles égaux chacun à chacun, et le rapport des côtés homologues constant.

Fig. 80. — Si dans les deux polygones ABCDE, A'B'C'D'E', on a : $A = A'$, $B = B'$, $C = C'$,..., et $\frac{AB}{A'B'} = \frac{BC}{B'C'} = \frac{CD}{C'D'} \ldots$; les deux polygones sont semblables.

Les côtés *homologues* sont ceux situés de la même manière par rapport aux angles égaux.

On appelle *projection* d'une ligne sur une autre, la distance des pieds des perpendiculaires abaissées des extrémités de la première sur la seconde.

CHAPITRE PREMIER.

LE RAPPORT DES LIGNES.

PROBLÈME.

67. *Trouver la plus grande commune mesure de deux droites, et leur rapport numérique.*

Fig. 75. — Soient AB, CD, les deux lignes ; en appliquant le raisonnement qui sert à trouver le plus grand commun diviseur entre deux nombres, on est conduit au procédé suivant :

Je porte CD sur AB, et l'on a AB = 2CD + IB.
Je porte IB sur CD, et CD = IB + KD.
Je porte KD sur IB, et IB = 2KD.
D'où AB = 8KD.
CD = 3KD.

La plus grande commune mesure est KD, et le rapport des lignes est $\frac{AB}{CD} = \frac{8}{3}$.

Si le rapport des deux lignes est incommensurable, on n'a jamais un reste nul, mais les restes tendent indéfiniment vers zéro, puisque chaque reste est plus petit que la moitié du dividende qui le fournit ; on peut donc, après un certain nombre d'opérations, négliger le dernier reste ; le reste précédent servira de commune mesure et conduira à une valeur approchée du rapport.

PROBLÈME.

68. *Trouver la commune mesure et le rapport numérique de deux angles.*

On décrira, avec des rayons égaux, du sommet des angles comme centres, deux arcs ; leur rapport déterminé par la méthode précédente donne le rapport des angles (48).

THÉORÈME.

69. *Toute parallèle à l'un des côtés d'un triangle, détermine sur les deux autres côtés des segments correspondants dont le rapport est constant.*

Fig. 76. — Soit DD' parallèle au côté BB', dans le triangle ABB', on aura

$$\frac{AD}{AD'} = \frac{DB}{D'B'},$$

ou ce qui revient au même $\frac{AD}{DB} = \frac{AD'}{D'B'}$.

Soit, une partie aliquote de D'B', contenue 2 fois dans D'B' et 3 fois dans AD'.

$$\frac{AD'}{D'B'} = \frac{3}{2}.$$

Par les points de division, je mène des parallèles qui déterminent 3 segments sur AD, et 2 sur DB; tous ces segments sont égaux entre eux. Menons E'F parallèle à AE, les triangles AEE', E'FG' sont égaux, comme ayant un côté égal, AE' = E'G', adjacent à deux angles égaux; donc AE = E'F = EG;

donc $$\frac{AD}{DB} = \frac{3}{2},$$

d'où $$\frac{AD}{DB} = \frac{AD'}{D'B'}.$$

Le théorème précédent ayant lieu, quelque petite que soit la commune mesure entre AD' et D'B', est général (48).

L'égalité $\frac{AD}{DB} = \frac{AD'}{D'B'}$, donne $\frac{AD + DB}{AD} = \frac{AD' + D'B'}{AD'}$,

ou $$\frac{AB}{AD} = \frac{AB'}{AD'}.$$

THÉORÈME.

70. *Réciproquement, si une droite partage en parties proportionnelles deux côtés d'un triangle, elle est parallèle au troisième.*

Fig. 76. — Si dans le triangle ABB', on a : $\frac{AD}{DB} = \frac{AD'}{D'B'}$, la ligne DD' est parallèle à BB'. En effet, le point D', pour lequel $\frac{AD'}{D'B'}$ a une valeur donnée, est unique. Si ce point se déplace, le numérateur et le dénominateur varient en sens inverse, et le rapport change. Comme la parallèle menée par D à BB', contient le point D'; DD' est cette parallèle.

THÉORÈME.

71. *La bissectrice de l'angle d'un triangle détermine sur le côté opposé un point dont le rapport des distances aux deux autres sommets du triangle, égale le rapport des côtés qui aboutissent à ces sommets. La bissectrice de l'angle supplémentaire jouit de la même propriété.*

Fig. 77. — Soit AD la bissectrice de l'angle A du triangle ABC, on aura

$$\frac{DC}{DB} = \frac{AC}{AB}.$$

Soit CE parallèle à DA, on a : $\frac{DC}{DB} = \frac{AE}{AB}$, mais AE=AC, car le triangle EAC est isocèle ; les angles en C et en E sont égaux entre eux, comme égaux aux angles CAD, DAB.

Donc $$\frac{DC}{DB} = \frac{AC}{AB}.$$

Soit AD′ la bissectrice de l'angle EAC, menons CG parallèle à AD′, on aura $\frac{D'C}{D'B} = \frac{AG}{AB}$, mais le triangle CAG étant isocèle, AG = AC ;

donc $$\frac{D'C}{D'B} = \frac{AC}{AB}.$$

Corollaire. Pour un rapport donné entre les côtés AC, AB, les points D, D′ sont invariables ; l'angle D′AD étant droit, il s'en suit que : *le lieu des points, dont le rapport des distances a deux points donnés est constant, est une circonférence.*

CHAPITRE DEUXIÈME.

SIMILITUDE DES TRIANGLES ET DES POLYGONES.

THÉORÈME.

72. *Toute parallèle à l'un des côtés d'un triangle, détermine un triangle partiel semblable au premier.*

Fig. 78. — Soit, dans le triangle ABC, B′C′ parallèle à BC ; les deux triangles ABC, AB′C′ sont semblables.

En effet, ils sont d'abord équiangles.

En second lieu on a (69),

$$\frac{AB'}{AB} = \frac{AC'}{AC}.$$

Menons C′D parallèle à AB, la figure BB′C′D est un parallélogramme, et BD = B′C′ ; donc

$$\frac{AC}{AC'} = \frac{BC}{BD} = \frac{BC}{B'C'},$$

d'où $$\frac{AB}{AB'} = \frac{AC}{AC'} = \frac{BC}{B'C'}.$$

Le rapport des côtés homologues est constant.

THÉORÈME.

73. *Deux triangles équiangles sont semblables.*

Fig. 78. — Donnons aux deux triangles la position ABC, AB'C', de manière à faire coïncider un angle égal. La ligne B'C' est parallèle à BC, puisque l'angle B = l'angle B'; donc les triangles sont semblables (72).

THÉORÈME.

74. *Deux triangles qui ont un angle égal compris entre deux côtés proportionnels sont semblables.*

Fig. 78. — Soient les deux triangles ABC, AB'C', placés de manière à faire coïncider l'angle égal, dans lesquels,

$$\frac{AB'}{AB} = \frac{AC'}{AC},$$

B'C' est parallèle à BC, et les triangles sont semblables (72).

THÉORÈME.

75. *Deux triangles dans lesquels le rapport des côtés homologues est constant sont semblables.*

Fig. 79. — Soient les deux triangles ABC, A"B"C", tels que,

$$\frac{AB}{A''B''} = \frac{AC}{A''C''} = \frac{BC}{B''C''};$$

je prends AB' = A"B", et je mène B'C' parallèle à BC, on a

$$\frac{AB}{AB'} = \frac{AC}{AC'} = \frac{BC}{B'C'};$$

donc AC' = A"C" et B'C' = B"C". Le triangle AB'C' semblable à ABC, ayant ses trois côtés égaux avec A"B"C"; ce dernier est semblable à ABC.

THÉORÈME.

76. *Deux triangles qui ont leurs côtés parallèles, ou perpendiculaires chacun à chacun, sont semblables.*

Les angles qui ont leurs côtés parallèles, ou perpendiculaires, sont égaux ou supplémentaires.

Si les trois angles du second triangle étaient supplémentaires de ceux du premier, ou si deux angles du second étaient supplémentaires de deux angles du premier, la somme des angles des deux triangles surpasserait 4 droits; donc deux angles du second triangle sont égaux chacun à chacun à deux angles du premier, donc le troisième angle est égal de part et d'autre. Les triangles sont équiangles et semblables.

THÉORÈME.

77. *Deux polygones semblables sont décomposables en un même nombre de triangles semblables chacun à chacun et semblablement placés.*

Fig. 80. — Dans le polygone ABCDE, je mène du sommet A des diagonales aux sommets non adjacents; par le sommet homologue A', je fais la même décomposition dans le second polygone.

De la similitude des polygones, il suit : angle B = angle B' $\frac{BA}{B'A'} = \frac{BC}{B'C'}$, donc les triangles ABC, A'B'C' sont semblables; par conséquent angle BCA = angle B'C'A', d'où angle ACD = angle A'C'D', comme différences de quantités égales, les angles BCD, B'C'D' des polygones étant égaux. La similitude des deux premiers triangles donne $\frac{BC}{B'C'} = \frac{AC}{A'C'}$;

celle des polygones donne $\frac{BC}{B'C'} = \frac{CD}{C'D'}$;

donc $\frac{AC}{A'C'} = \frac{CD}{C'D'}$; les triangles ACD, A'C'D', ont un angle égal compris entre côtés proportionnels, donc ils sont semblables. On démontrera de même la similitude des triangles suivants, ce qui prouve l'énoncé.

THÉORÈME.

78. *Si deux polygones sont décomposables en un même nombre de triangles semblables et semblablement placés, ils sont semblables.*

Fig. 80. — Soient les deux polygones ABCDE, A'B'C'D'E' : ils sont d'abord équiangles, car tous leurs angles sont égaux ou composés de parties égales, comme appartenant à des triangles semblables.

En second lieu la similitude des triangles ABC, A'B'C' ; ACD, A'C'D'... donne

$$\frac{AB}{A'B'} = \frac{BC}{B'C'} = \frac{AC}{A'C'},$$

$$\frac{AC}{A'C'} = \frac{CD}{C'D'} = \frac{AD}{A'D'},$$

donc

$$\frac{AB}{A'B'} = \frac{BC}{B'C'} = \frac{CD}{C'D'}\cdots$$

Le rapport des côtés homologues est constant.

THÉORÈME.

79. *Le rapport des périmètres de deux polygones semblables égale le rapport de deux côtés homologues.*

Fig. 80. — Les polygones ABCDE, A'B'C'D'E' étant semblables, on a les rapports égaux.

$$\frac{AB}{A'B'} = \frac{BC}{B'C'} = \frac{CD}{C'D'}\cdots = \frac{AB+BC+CD+\cdots}{A'B'+B'C'+C'D'+\cdots} = \frac{\text{Pér. ABCDE}}{\text{Pér. A'B'C'D'E'}},$$

puisque dans des rapports égaux, en ajoutant des numérateurs et les dénominateurs correspondants, on a un rapport égal aux précédents.

CHAPITRE TROISIÈME.

RELATIONS MÉTRIQUES ENTRE LES LIGNES,

DANS LES FIGURES RECTILIGNES ET DANS LE CERCLE.

THÉORÈME.

80. *Si dans un triangle rectangle, on abaisse du sommet de l'angle droit une perpendiculaire sur l'hypoténuse :*

1° *La perpendiculaire est moyenne proportionnelle entre les deux segments de l'hypoténuse ;*

2° *Chaque côté de l'angle droit est moyen proportionnel entre l'hypoténuse et sa projection sur l'hypoténuse ;*

3° *Le carré de l'hypoténuse égale la somme des carrés des côtés de l'angle droit.*

Fig. 81.— Soit le triangle rectangle ABC : j'abaisse BD perpendiculaire sur l'hypoténuse. Les deux triangles rectangles partiels ABD, BDC, ayant un angle commun avec le grand triangle ABC, lui sont semblables et par suite le sont entre eux.

1° De la similitude des triangles ABD, et DBC, on déduit:

$$\frac{BD}{AD} = \frac{DC}{BD}, \text{ ou } \overline{BD}^2 = AD \times DC;$$

2° La similitude de ABD, et ABC, donne :

$$\frac{AB}{AD} = \frac{AC}{AB}, \text{ d'où } \overline{AB}^2 = AC.\ AD.$$

Pareillement les triangles BDC, ABC, donnent:

$$\overline{BC}^2 = AC.\ DC.$$

3° Ajoutant les deux égalités précédentes membre à membre:

$$\overline{AB}^2 + \overline{BC}^2 = AC\ (AD + DC) = \overline{AC}^2.$$

Le carré du nombre qui mesure la longueur de l'hypoténuse, égale la somme des carrés des nombres qui mesurent les longueurs des côtés de l'angle droit.

Corollaire. Si $AB = BC$, on aura $\overline{AC}^2 = 2\overline{AB}^2$; d'où $AC = AB\sqrt{2}$, ce qui prouve que le rapport de la diagonale au côté du carré est incommensurable.

THÉORÈME.

81. *Dans un triangle, le carré du nombre qui mesure le côté opposé à un angle aigu, est égal à la somme des carrés des deux autres côtés, moins le double produit de l'un d'eux par la projection de l'autre sur ce côté.*

Fig. 82. — Soit l'angle A aigu; et AB′ la projection sur AC du côté AB, je dis que l'on a : $a^2 = b^2 + c^2 - 2b \times AB'$.

En effet le triangle rectangle CBB′ donne

$$a^2 = BB'^2 + \overline{B'C}^2,$$

mais dans l'autre triangle rectangle ABB′,

$$\overline{BB'}^2 = c^2 - \overline{AB'}^2,$$

et comme $B'C = b - AB'$,

$$\overline{B'C}^2 = b^2 + \overline{AB'}^2 - 2b \times AB',$$

d'où $a^2 = b^2 + c^2 - 2b \times AB'.$

THÉORÈME.

82. *Dans un triangle, le carré du nombre qui mesure le côté opposé à un angle obtus, égale la somme des carrés des deux autres côtés, plus le double produit de l'un d'eux par la projection de l'autre sur ce côté.*

Fig. 83. — Soit A l'angle obtus dans le triangle ABC, et AB' la projection de AB sur le côté AC. Le triangle rectangle BCB' donne :

$$a^2 = \overline{BB'}^2 + \overline{B'C}^2.$$

Le triangle rectangle BB'A donne :

$$\overline{BB'}^2 = c^2 - \overline{AB'}^2,$$

et comme $B'C = b + B'A,$

$$\overline{B'C}^2 = b^2 + \overline{B'A}^2 + 2b.\ B'A\,;$$

d'où $a^2 = b^2 + c^2 + 2b \times B'A.$

Les réciproques des trois théorèmes précédents sont également vraies.

THÉORÈME.

83. *Si par un point pris dans le plan d'un cercle, on mène une sécante, le produit des distances de ce point à chaque point d'intersection avec la circonférence est constant, quelle que soit la direction de la sécante.*

Fig. 84. — 1° Supposons le point intérieur à la circonférence, et les deux sécantes AA', BB', menées par le point O, on aura :

$$OA \times OA' = OB \times OB'.$$

En effet, tirant AB, B'A', les deux triangles équiangles AOB, OB'A' donnent par leur similitude :

$$\frac{OA}{OB'} = \frac{OB}{OA'}, \quad \text{ou } OA \times OA' = OB \times OB'.$$

2° Soit le point O extérieur, et les sécantes OAA', OBB', on aura encore :

$$OA \times OA' = OB \times OB'.$$

Je tire BA', AB'; les triangles équiangles OBA', OB'A donnent :

$$\frac{OA}{OB} = \frac{OB'}{OA'}, \quad \text{d'où } OA \times OA' = OB \times OB'.$$

Fig. 85. — Si les deux points d'intersection B, B′ se réunissent en C, la sécante devient la tangente OC, et la relation précédente donne :

$$OA \times OA' = \overline{OC}^2.$$

Donc : *Si par un point pris hors de la circonférence, on mène une sécante et une tangente, la tangente est moyenne proportionnelle entre la sécante entière et la partie extérieure.*

CHAPITRE QUATRIÈME.

PROBLÈMES.

PROBLÈME.

84. *Partager une ligne en parties égales.*

Fig. 86. — Soit AB à partager en trois parties égales. Je mène dans une direction quelconque la ligne AB′, sur laquelle je porte trois fois, de A en E′, la longueur arbitraire $AC' = C'D' = D'B'$; je joins B′B, je mène C′C, D′D parallèles à B′B, et les points C, D, divisent AB en trois parties égales; car $\frac{AC}{AC'} = \frac{CD}{C'D'} = \frac{DB}{D'B'}$, les dénominateurs sont égaux, les numérateurs le sont aussi.

PROBLÈME.

85. *Partager une ligne en parties proportionnelles à des lignes données.*

Fig. 87. — Soit AB la ligne qu'il faut diviser en parties proportionnelles à a, b, c. Sur AB′ qui fait avec AB un angle quelconque, je prends $AC' = a$, $C'D' = b$, $D'B' = c$; je joins B′B; par C′, D′, je mène des parallèles à B′B, et l'on a :

$$\frac{AC}{AC'} = \frac{CD}{C'D'} = \frac{DB}{D'B'}, \quad \text{ou} \quad \frac{AC}{a} = \frac{CD}{b} = \frac{DB}{c}.$$

PROBLÈME.

86. *Trouver une quatrième proportionnelle à trois lignes données.*

Fig. 88. — Soient trois lignes données *a*, *b*, *c*; on cherche la quatrième proportionnelle *x*, vérifiant la condition $\frac{a}{b} = \frac{c}{x}$. Sur les côtés de l'angle BAB', je prends AC $= a$, AC' $= b$, CB $= c$, je joins CC', je mène BB' parallèle à cette dernière ligne, et

$$\frac{AC}{AC'} = \frac{BC}{B'C'}, \text{ ou } \frac{a}{b} = \frac{c}{C'B'}.$$

PROBLÈME.

87. *Construire une moyenne proportionnelle entre deux lignes.*

Fig. 89. — Soient données les lignes *a*, *b*. Je prends AB $= a$, BC $=$ BC' $= b$; sur AC, AB, AC', comme diamètres, je décris des demi-circonférences. Sur AB, j'élève les perpendiculaires BD, C'E, jusqu'à la rencontre des circonférences AC, AB. Je tire BE, je mène BF tangente à la circonférence AC'; et chacune des trois droites BD, BE, BF, est une moyenne proportionnelle entre AB et BC :

1° BD est une moyenne proportionnelle entre les deux segments de l'hypoténuse, dans le triangle rectangle ADC, que l'on obtiendrait en tirant DA, DC (80) ;

2° BE est moyenne proportionnelle entre l'hypoténuse et le segment adjacent, dans le triangle rectangle AEB (80) ;

3° BF est moyenne proportionnelle entre la sécante entière et la partie extérieure (83).

Donc BD $=$ BE $=$ BF.

PROBLÈME.

88. *Construire sur une droite donnée un polygone semblable à un polygone donné.*

Fig. 80. — Sur A'B', construire un polygone semblable à ABCDE :

1° Je fais en A′ et B′ des angles égaux à CAB, ABC, et j'obtiens le triangle A′B′C′ semblable à ABC; de même sur A′C′ je construis A′C′D′ semblable à ACD, et ainsi de suite.

2° Je fais successivement les angles B′ = B, C′ = C, D′ = D,... en prenant les côtés du second polygone satisfaisant à la condition $\frac{AB}{A'B'} = \frac{BC}{B'C'} = \frac{CD}{C'D'}\cdots$

PROBLÈME.

89. *Étant donnée une ligne, en déterminer une autre, telle que le rapport des carrés des nombres qui mesurent leurs longueurs, soit égal au rapport de deux lignes données.*

Fig. 90. — Soit a^2 le carré du nombre qui mesure la longueur donnée a, et $\frac{m}{n}$ le rapport de deux lignes données; on veut trouver une longueur x, telle que, $\frac{x^2}{a^2} = \frac{m}{n}$.

Je prends BC $= m$, CD $= n$; je décris sur BD une demi-circonférence; j'élève AC perpendiculaire sur le diamètre; je tire AB, AD; je prends AD′ $= a$; je mène B′D′ parallèle à BD; et l'on a $\overline{AB'}^2 = B'C' \times B'D'$, $\overline{AD'}^2 = C'D' \times B'D'$; d'où

$$\frac{\overline{AB'}^2}{\overline{AD'}^2} = \frac{B'C'}{C'D'} = \frac{BC}{BD};$$

en effet, $\frac{BC}{B'C'} = \frac{CA}{C'A} = \frac{CD}{C'D'}$, d'où $\frac{B'C'}{C'D'} = \frac{BC}{BD}$;

donc : $\frac{\overline{AB'}^2}{a^2} = \frac{m}{n}$, AB′ est la ligne cherchée.

On résoudrait le problème réciproque par un procédé analogue.

LIVRE IV.

LES POLYGONES RÉGULIERS. — LE RAPPORT DE LA CIRCONFÉRENCE AU DIAMÈTRE. — LES AIRES.

DÉFINITIONS.

On appelle polygones *réguliers*, ceux qui ont tous leurs angles égaux entre eux, ainsi que leurs côtés.

On appelle *base* d'un triangle un côté quelconque. La *hauteur* est la distance à la base du sommet opposé.

Les deux côtés perpendiculaires d'un rectangle sont la *base* et la *hauteur* du rectangle, ou ses *dimensions*.

La *base* d'un parallélogramme est un côté quelconque; la *hauteur* est la distance de ce côté et de son parallèle.

Dans un trapèze, les deux côtés parallèles sont les *bases*, leur distance est la *hauteur*.

On appelle *figures équivalentes*, celles qui ont la même surface.

CHAPITRE PREMIER.

LES POLYGONES RÉGULIERS,

LE RAPPORT DE LA CIRCONFÉRENCE AU DIAMÈTRE.

THÉORÈME.

90. *Deux polygones réguliers d'un même nombre de côtés sont deux figures semblables.*

Fig. 91. — Soient les deux pentagones réguliers ABCDE, A'B'C'D'E'. Ils sont d'abord équiangles entre eux (28); et le rapport des côtés $\frac{AB}{A'B'} = \frac{BC}{B'C'} = \frac{CD}{C'D'}$, etc., est constant, puisque les numérateurs sont égaux entre eux, ainsi que les dénominateurs.

THÉORÈME.

91. *Tout polygone régulier peut être inscrit à une circonférence, et lui être circonscrit.*

Fig. 92. — 1° Soit le polygone régulier ABCDE : par trois sommets A, B, C, je fais passer une circonférence : je dis qu'elle contiendra le sommet D. Je joins le centre O, en A, en D, et au milieu de la corde BC; les deux quadrilatères ABFO, OFCD, sont égaux; si je fais tourner le second autour de OF, le point C tombe en B, et le point D en A. Car, FC = FB, les angles en F sont droits, l'angle C = B, et CD = BA. On en conclut OD = OA = le rayon. De même la circonférence passe par les autres sommets.

2° Les côtés du polygone régulier, étant dans la circonférence circonscrite, des cordes égales et par suite également éloignées du centre, la circonférence décrite, avec OF comme rayon, sera tangente au milieu de tous les côtés.

Corollaire. On voit que si on donne un polygone régulier circonscrit à une circonférence OF, en joignant les sommets B, C, ..., au centre, les intersections B', C', ..., des lignes de jonction avec la circonférence, donnent les sommets du polygone régulier inscrit d'un même nombre de côtés.

Réciproquement, si B'C' est le côté d'un polygone régulier inscrit dans le cercle OF, la tangente menée par le milieu F de l'arc BF, donne par ses intersections B et C, avec les rayons B'O, C'O, le côté BC du polygone régulier circonscrit d'un même nombre de côtés.

PROBLÈME.

92. *Inscrire un carré dans un cercle.*

Fig. 93. — Tirez deux diamètres AC, BD, perpendiculaires entre eux. Joignez leurs extrémités, vous aurez le carré inscrit. Les angles A, B, C, D, sont droits, et les côtés AB, BC, ..., égaux.

Le triangle rectangle AOD est isocèle, donc

$$\overline{AD}^2 = 2\overline{AO}^2 = 2R^2; \qquad \text{d'où } AD = R\sqrt{2}.$$

PROBLÈME.

93. *Inscrire dans un cercle un hexagone régulier, un triangle équilatéral.*

Fig. 94. — Soit AB le côté de l'hexagone régulier. En prenant l'angle droit pour unité d'angle, l'angle $AOB = \frac{4}{6} = \frac{2}{3}$, les angles en A et B du triangle AOB, étant égaux, et leur somme supplémentaire du précédent, on a $A = B = \frac{2}{3}$; donc AOB est un triangle équilatéral, et le côté de l'hexagone inscrit est égal au rayon.

Si on joint les sommets deux à deux, on a le triangle équilatéral inscrit BCE. Le triangle rectangle AGB donne

$$\overline{BG}^2 = \overline{AB}^2 - \overline{AG}^2,$$

ou $\overline{BG}^2 = R^2 - \frac{R^2}{4}$, d'où $\overline{BG}^2 = \frac{3R^2}{4}$, ou $\overline{BC}^2 = 3R^2$, $BC = R\sqrt{3}$.

PROBLÈME.

94. *Inscrire dans un cercle un décagone, un pentagone réguliers.*

Fig. 95. — Soit AB le côté du décagone régulier inscrit, l'angle $AOB = \frac{4}{10} = \frac{2}{5}$. Les angles en A et B, dans le triangle AOB, valent donc $2 - \frac{2}{5}$ ou $\frac{8}{5}$. Donc, comme le triangle est isocèle, $A = B = \frac{4}{5}$. Je mène la bissectrice BC de l'angle ABO; les triangles ABC, CBO sont isocèles, et

$$AB = BC = CO.$$

La similitude des triangles AOB, ACB, donne

$$\frac{AO}{AB} = \frac{AB}{AC}, \text{ ou } \frac{AO}{CO} = \frac{CO}{CA}.$$

Donc, le côté du décagone régulier est une portion du rayon, qui est moyenne proportionnelle entre le rayon et l'autre portion.

Le pentagone régulier s'obtient en joignant deux à deux les sommets du décagone régulier.

PROBLÈME.

95. *Partager une ligne, de manière que la plus grande partie soit moyenne proportionnelle entre la plus petite et la ligne entière.*

Fig. 96. — Soit AB la ligne donnée. Il faut déterminer le point C de manière que $\overline{AC}^2 = AB.CB$. Supposons le problème résolu, l'égalité précédente donne

$$\frac{AB}{AC} = \frac{AC}{CB}, \text{ ou } \frac{AB}{AB+AC} = \frac{AC}{AB}.$$

Il suffit pour cela que AB soit la tangente à une circonférence dont AB + AC, et AC, seraient la sécante entière, et la partie extérieure. J'élève une perpendiculaire en B sur AB; je prends $BO = \frac{AB}{2}$; je décris avec ce rayon du point O comme centre une circonférence; je tire AOD; je porte la distance AE en AC, et le problème est résolu; puisque

$$\frac{AB}{AD} = \frac{AE}{AB}, \text{ ou } \frac{AB}{AB+AC} = \frac{AC}{AB}.$$

En désignant AB par a et AC par x, on aura

$$\frac{a}{x} = \frac{x}{a-x}, \text{ d'où } a(a-x) = x^2,$$

$$\text{d'où} \quad x = a\,\frac{(-1+\sqrt{5})}{2}.$$

THÉORÈME.

96. *Le rapport des périmètres de deux polygones réguliers d'un même nombre de côtés, égale le rapport des rayons des cercles inscrits, et des cercles circonscrits.*

Fig. 97. — Soient AB, A'B', les côtés de deux polygones réguliers d'un même nombre de côtés; OB, OD, O'B', O'D', les rayons des cercles circonscrits et inscrits. Les triangles ODB, O'B'D' sont équiangles et semblables; car ils sont rectangles; et les angles DOB, D'O'B' sont égaux comme moitiés d'angles au centre égaux. Donc

$$\frac{\text{Périm. AB}}{\text{Périm. A'B'}} = \frac{AB}{A'B'} = \frac{DB}{D'B'} = \frac{DO}{D'O'} = \frac{BO}{B'O'}.$$

THÉORÈME.

97. *La circonférence est la limite commune des périmètres des polygones réguliers semblables inscrits et circonscrits dont le nombre des côtés croît indéfiniment.*

Fig. 98. — Soient EF, AB, les côtés de deux polygones réguliers semblables, l'un inscrit, l'autre circonscrit à la circonférence OC. Si on double indéfiniment le nombre des côtés, le périmètre inscrit p demeure fini et augmente; donc il tend vers une limite finie qui est la longueur de la circonférence. En effet, si dans une courbe on inscrit un polygone dont les côtés tendent indéfiniment vers zéro, nous admettons que la limite du périmètre est égale à la longueur de la courbe.

Le périmètre P du polygone régulier circonscrit demeure fini et diminue; il tend donc vers une limite finie, et cette limite est la même que celle du périmètre inscrit. En effet, C' étant le milieu de EF, on a :

$$\frac{P}{p} = \frac{OC}{OC'},$$

OC' a pour limite OC; donc P et p tendent vers la même limite.

THÉORÈME.

98. *Le rapport de la circonférence au diamètre est un nombre constant.*

Fig. 97. — Soient les circonférences OB, O'B'. Je pose OB = R, O'B' = R'.

J'inscris dans les deux circonférences deux polygones réguliers d'un même nombre de côtés : soit AB un côté du premier polygone, et A'B' un côté du second. On a (96),

$$\frac{\text{Périm. AB}}{\text{Périm. A'B'}} = \frac{OB}{O'B'}.$$

Doublons indéfiniment le nombre des côtés; Périm. AB', et Périm. A'B' ont pour limites : Cir. R, Cir. R'; donc

$$\frac{\text{Cir. R}}{\text{Cir. R'}} = \frac{R}{R'},$$

d'où : $$\frac{\text{Cir. R}}{2R} = \frac{\text{Cir. R'}}{2R'} = \text{constante.}$$

On désigne ce rapport par π, on en déduit $\frac{\text{cir. R}}{2R.} = \pi$, et par suite : cir. $R = 2\pi R$.

PROBLÈME.

99. *Etant donné le côté d'un polygone régulier inscrit, calculer le côté du polygone régulier inscrit d'un nombre double de côtés.*

Fig. 99. — Soit AB $= a$ le côté d'un polygone régulier inscrit dans la circonférence de rayon OC $=$ R. Il s'agit de calculer le côté AC $= a'$, d'un polygone régulier inscrit d'un nombre double de côtés. Soit C le milieu de l'arc AB, tirons DOC, AO, AD, on voit que:

$$\mathrm{CI} = \mathrm{CO} - \mathrm{IO} = \mathrm{CO} - \sqrt{\mathrm{R}^2 - \overline{\mathrm{AI}}^2} = \mathrm{R} - \sqrt{\mathrm{R}^2 - \frac{a^2}{4}}.$$

Le triangle rectangle CAD donne :

$$\overline{\mathrm{AC}}^2 = \mathrm{CD} \times \mathrm{CI} = 2\mathrm{R} \cdot \left(\mathrm{R} - \sqrt{\mathrm{R}^2 - \frac{a^2}{4}}\right),$$

$$\text{d'où} \quad a' = \sqrt{2\mathrm{R}\left(\mathrm{R} - \sqrt{\mathrm{R}^2 - \frac{a^2}{4}}\right)}.$$

PROBLÈME.

100. *Déterminer une valeur approchée du rapport de la circonférence au diamètre* *.

Fig. 100. — On a trouvé $\frac{\text{Cir. R}}{2\mathrm{R}} = \pi$. Prenons le diamètre 2R pour unité de longueur, ou $\mathrm{R} = \frac{1}{2}$; le nombre qui mesure Cir. R, mesure π. Pour mesurer Cir. R, j'inscris dans cette circonférence les polygones réguliers de 4, 8, 16, 32, ... côtés; et je calcule leurs périmètres. J'ai ainsi des valeurs approchées de la circonférence, ou du nombre π. La limite vers laquelle tend le périmètre, quand le nombre des côtés est doublé indéfiniment, est la valeur de π.

Le carré inscrit ABCD a pour côté $\mathrm{R}\sqrt{2}$, et son périmètre, en posant $\mathrm{R} = \frac{1}{2}$, est égal à $2\sqrt{2}$. En appliquant la for-

* Nous avons exposé le calcul du rapport de la circonférence au diamètre par la méthode la plus simple que donne la géométrie élémentaire. L'analyse fournissant des moyens plus commodes et plus rapides pour la détermination de π, il s'agit ici, bien moins de calculer ce nombre, que de concevoir la possibilité de le calculer.

mule trouvée dans le numéro précédent, on calculera les côtés, et par suite les périmètres des polygones réguliers inscrits de 4, 8, 16, ... côtés. Le tableau suivant donne ce résultat.

NOMBRE DES CÔTÉS.	Périmètre pour $R=\frac{1}{2}$ ou valeur approchée de π.
4.......	2,828427
8.......	3,061467
16.......	3,121445
32.......	3,136549
64.......	3,140332
128.......	3,141278
256.......	3,141515
512.......	3,141574

On trouve ainsi

$$\pi = 3,14159265358979 32.$$

On peut, à chaque opération, déterminer le degré d'approximation obtenu dans la valeur de π.

L'erreur, ou la différence entre π et un périmètre inscrit, est moindre que la différence entre le périmètre inscrit et le périmètre du polygone régulier circonscrit d'un même nombre de côtés.

Le périmètre circonscrit se déduit du périmètre inscrit par le n° (96).

CHAPITRE DEUXIÈME.

LES AIRES.

THÉORÈME.

101. *Si deux rectangles ont une dimension commune, le rapport de leurs surfaces égale le rapport des deux autres dimensions.*

Fig. 101. — Soient les rectangles AC, EG, qui ont leurs bases égales, AB = EF. Le rapport des surfaces est égal au rapport des hauteurs correspondantes.

Soit la hauteur EH partagée en deux parties égales, et une de ces divisions contenue trois fois dans la hauteur AD. On a :

$$\frac{AD}{EH} = \frac{3}{2}.$$

Par les points de division des hauteurs, je mène dans les deux rectangles des parallèles à la base ; et je partage ainsi le rectangle AC en trois rectangles, et le rectangle EG en deux. Tous ces rectangles partiels sont égaux comme ayant même base et même hauteur ;

donc $$\frac{AC}{EG} = \frac{3}{2};$$

d'où $$\frac{AC}{EG} = \frac{AD}{HE}.$$

Le théorème précédent étant vrai, quelque petite que soit la commune mesure entre les hauteurs, est général (48).

THÉORÈME.

102. *Le rapport de deux rectangles quelconques est égal au rapport du produit de leurs dimensions.*

Soient les rectangles R et R′, les dimensions du premier sont B, H ; celles du second sont B′, H′.

Je construis un troisième rectangle R″, ayant la base B du premier, et la hauteur H′ du second. On aura :

$$\frac{R''}{R} = \frac{H}{H'}, \quad \frac{R''}{R'} = \frac{B}{B'},$$

d'où il vient en effectuant le produit des premiers et des seconds membres de ces égalités,

$$\frac{R}{R'} = \frac{BH}{BH'}.$$

Si on prend le rectangle R′ égal au carré qui a l'unité linéaire pour côté, et si l'on adopte ce carré pour unité de surface, on a

$$\frac{R}{1} = \frac{BH}{1},$$

ou $$R = BH.$$

Donc, en prenant pour unité de surface le carré qui a pour côté l'unité de longueur, le nombre qui mesure la surface d'un rectangle est égal au produit de sa base par sa hauteur.

THÉORÈME.

103. *Un parallélogramme est équivalent à un rectangle de même base et de même hauteur.*

Fig. 102. — Supposons le rectangle et le parallélogramme placés de manière que les bases coïncident : soient, AC le rectangle, AC′ le parallélogramme. Les deux triangles BAB′, CDC′ sont égaux, comme ayant un angle égal compris entre côtés égaux chacun à chacun ; les angles en A et D sont égaux comme formés par des côtés parallèles, et AB = DC, AB′ = DC′, comme côtés opposés d'un parallélogramme.

Si de toute la figure, on retranche successivement chaque triangle, les restes, c'est-à-dire, le rectangle et le parallélogramme sont équivalents.

Corollaire. *L'aire du parallélogramme a pour mesure le produit de sa base par sa hauteur.*

THÉORÈME.

104. *L'aire du triangle a pour mesure la moitié du produit de la base par la hauteur.*

Fig. 103.— Soit le triangle ABC: on aura $ABC = \frac{AC \times BE}{2}$.

Par les points C, B, je mène des parallèles à AB, AC ; le triangle donné est la moitié du parallélogramme ainsi obtenu ; ce qui prouve l'énoncé, puisque le triangle et le parallélogramme ont même base et même hauteur.

Corollaire. *Le rapport de deux triangles de même base, est égal au rapport des hauteurs.*

THÉORÈME.

105. *L'aire du trapèze est égale à la hauteur multipliée par la demi-somme des bases.*

Fig. 104. — Soit le trapèze ABCD : je prolonge la base DC d'une quantité CF = AB. Je tire AF ; les triangles ABG, GCF, ont un côté égal adjacent à deux angles égaux, ils sont donc égaux, et le triangle ADF est équivalent au trapèze ; donc la mesure du trapèze est $\frac{DC + CF}{2} \times AE$, ou $\frac{DC + AB}{2} \times AE$.

La ligne GH, *qui joint les milieux des côtés non parallèles, est égale à la demi-somme des bases,* puisque $\frac{HG}{DF} = \frac{AH}{AD} = \frac{1}{2}$.

PROBLÈME.

106. *Mesurer la surface d'un polygone quelconque.*

Pour obtenir la surface d'un polygone, on peut :

Fig. 105.— 1° Le décomposer en triangles, en joignant: soit un sommet à tous les autres, soit un point quelconque intérieur à tous les sommets.

Fig. 106. — 2° Tirer une diagonale AD, que l'on appelle base, et sur laquelle on projette les sommets. On décompose ainsi le polygone en triangles et en trapèzes rectangles ; si une seule base est insuffisante on en prend d'auxiliaires.

REMARQUE SUR LES SURFACES.

107. Le carré du nombre qui mesure une ligne, mesure la surface du carré construit sur cette ligne ; et le produit des nombres qui mesurent deux longueurs, mesure la surface du rectangle qui a ces deux longueurs pour dimensions.

Il suit de là : que les théorèmes des n^{os} (80), (81), (82) peuvent s'énoncer ainsi :

Le carré construit sur l'hypoténuse d'un triangle rectangle est égal à la somme des carrés construits sur les côtés de l'angle droit.

Le carré construit sur le côté opposé à un angle aigu dans un triangle, égale la somme des carrés construits sur les deux autres côtés, moins deux fois le rectangle qui a pour dimensions un de ces côtés, et la projection de l'autre sur ce même côté.

Le carré construit sur un côté opposé à un angle obtus dans un triangle, égale la somme des carrés construits sur les côtés qui comprennent cet angle, plus deux fois le rectangle qui a pour dimensions l'un de ces côtés, et la projection de l'autre sur ce même côté.

Et réciproquement.

Le théorème relatif au carré de l'hypoténuse d'un triangle rectangle, est une des vérités fondamentales de la géométrie. Après l'avoir déduit, comme corollaire, de la propriété des nombres qui mesurent les côtés d'un triangle rectangle, nous allons l'établir par la superposition de figures équivalentes à celles dont on veut prouver l'égalité.

Fig. 184. — Soit le triangle rectangle ABC ; construisons des carrés sur l'hypoténuse et sur les côtés de l'angle droit.

J'abaisse de l'angle droit sur l'hypoténuse la perpendiculaire AK que je prolonge jusqu'en L. Je tire AD, IC. Les angles IBC, ABD sont égaux, comme composés d'un angle droit et de la partie commune ABC ; IB = BA comme côtés d'un même carré ; de même BC = BD ; donc les triangles IBC, ABD, ont un angle égal compris entre côtés égaux ; donc ils sont égaux.

Le triangle IBC est la moitié du carré BH qui a même base IB et même hauteur AB. Le triangle ABD est la moitié du rectangle BL qui a même base BD et même hauteur BK ; donc le carré BH et le rectangle BL sont équivalents, puisque leurs moitiés sont égales. On démontrera de même que le rectangle LC et le carré AF sont équivalents ; mais les deux rectangles BL, LC forment une somme égale au carré BE ;

donc le carré fait sur l'hypoténuse est égal à la somme des carrés BH, CG, faits sur les deux autres côtés.

Nous venons de démontrer directement la proposition du carré de l'hypoténuse, à laquelle nous étions déjà arrivés par la proportionnalité des côtés dans les triangles équiangles.

« Il arrive souvent, comme on vient d'en voir un exemple, » qu'en tirant des conséquences d'une ou de plusieurs » propositions, on retombe sur des propositions déjà démon- » trées. En général, ce qui caractérise particulièrement les » théorèmes de géométrie, et ce qui est une preuve invin- » cible de leur certitude, c'est qu'en les combinant ensemble » d'une manière quelconque, pourvu qu'on raisonne juste, » on tombe toujours sur des résultats exacts. Il n'en serait » pas de même si quelque proposition était fausse ou n'était » vraie qu'à peu près; il arriverait souvent que, par la » combinaison des propositions entre elles, l'erreur s'accroî- » trait et deviendrait sensible. »

Legendre. *Éléments de géométrie.*

Corollaire. L'équivalence du rectangle BK et du carré BH donne $\overline{AB}^2 = BC.\ BK$; pareillement, $\overline{AC}^2 = BC.\ KC$; d'où l'on déduit $\frac{\overline{AB}^2}{\overline{AC}^2} = \frac{BK}{KC}$.

THÉORÈME.

108. *Si deux triangles ont un angle égal, le rapport des aires égale le rapport des rectangles des côtés comprenant l'angle égal.*

Fig. 107. — Soit dans les deux triangles ABC, A'B'C', l'angle A = l'angle A'. Les hauteurs, en prenant AC, A'C', pour bases, sont BD, B'D'. Donc

$$\frac{ABC}{A'B'C'} = \frac{AC \times BD}{A'C' \times B'D'} = \frac{AC}{A'C'} \times \frac{BD}{B'D'}.$$

Les triangles ABD, A'B'D', équiangles en A et A', et rectangles donnent par leur similitude,

$$\frac{BD}{B'D'} = \frac{AB}{A'B'};$$

d'où

$$\frac{ABC}{A'B'C'} = \frac{AC \times AB}{A'C' \times A'B'}.$$

THÉORÈME.

109. *Le rapport des aires de deux triangles semblables égale le rapport des carrés des côtés homologues.*

Fig. 78. — Soient les triangles ABC, AB'C', semblables et ayant l'angle A commun. On a, par le théorème précédent,

$$\frac{ABC}{AB'C'} = \frac{AB \times AC}{AB' \times AC'} = \frac{AB}{AB'} \times \frac{AC}{AC'} = \frac{\overline{AB}^2}{\overline{AB'}^2}.$$

En effet, la similitude des triangles donne $\frac{AB}{AB'} = \frac{AC}{AC'}$.

THÉORÈME.

110. *Le rapport des aires de deux polygones semblables égale le rapport des carrés des côtés homologues.*

Fig. 80. — Soient les deux polygones ABCDE = S, A'B'C'D'E' = S', décomposés en triangles semblables; on a :

$$\frac{\overline{AB}^2}{\overline{A'B'}^2} = \frac{ABC}{A'B'C'} = \frac{ACD}{A'C'D'} = \frac{ADE}{A'D'E'} = \frac{ABC + ACD + ADE}{A'B'C' + A'C'D' + A'D'E'} = \frac{S}{S'}.$$

THÉORÈME.

111. *L'aire d'un polygone régulier est égale au périmètre multiplié par la moitié du rayon du cercle inscrit.*

Fig. 108. — Soit ABCDEF le polygone régulier : je joins le centre aux sommets, et je décompose ce polygone en triangles ayant tous la même hauteur, OI, rayon du cercle inscrit. La surface est donc égale à la moitié de la hauteur multipliée par la somme des bases ou le périmètre, et en appelant S la surface et P le périmètre, on aura :

$$S = \frac{OI}{2} \times (AB + BC + \ldots) = \frac{OI}{2} \times P.$$

THÉORÈME.

112. *Le cercle est égal au produit de la circonférence par la moitié du rayon.*

Fig. 109. — Soit OA = R le rayon du cercle; soient : AB le côté d'un polygone régulier inscrit, OI le rayon du cercle inscrit au polygone, S et P la surface et le périmètre du polygone ; on a

$$S = P \times \frac{OI}{2},$$

si on double indéfiniment le nombre des côtés du polygone régulier inscrit dans le cercle donné, P, S, OI ont pour limites, cir. R, cer. R *, R, donc

$$\text{Cer. R} = \text{Cir. R} \times \frac{R}{2} = 2\pi R \times \frac{R}{2} = \pi R^2.$$

Corollaire. *Le rapport de deux cercles égale le rapport des carrés des rayons.*

THÉORÈME.

113. *La surface d'un secteur égale l'arc compris entre ses côtés multiplié par la moitié du rayon.*

Fig. 109. — On sait que le rapport du secteur au cercle égale le rapport de l'arc correspondant à la circonférence (48). Soit AC = R,

$$\frac{\text{Secteur AOB}}{\pi R^2} = \frac{\text{Arc AB}}{2\pi R};$$

d'où secteur $\text{AOB} = \text{arc AB} \times \frac{\pi R^2}{2\pi R} = \text{arc AB} \times \frac{R}{2}$.

Si on donne en degrés l'angle AOB, on tirera l'arc de la relation :

$$\frac{\text{Arc AB}}{2\pi R} = \frac{\text{Angle AOB}}{360}.$$

Scolie. *Le segment* ABC *égale le secteur* AOB, *moins le triangle* AOB.

CHAPITRE TROISIÈME.

PROBLÈMES SUR LES SURFACES.

PROBLÈME.

114. *Construire un carré équivalent à un rectangle, à un parallélogramme, ou à un triangle donnés.*

Soient B et H la base et la hauteur du rectangle ou du pa-

* Le périmètre inscrit ayant pour limite la circonférence, il est évident que la surface du polygone a pour limite le cercle.

rallélogramme donnés ; soit x le côté du carré qui leur est équivalent en surface, on aura : $x^2 = BH$.

La longueur du côté du carré s'obtient en prenant une moyenne proportionnelle entre B et H (87).

Pour construire un carré équivalent à un triangle, on prend une moyenne proportionnelle entre la base et la moitié de la hauteur du triangle, et on a le côté du carré cherché.

PROBLÈME.

115. *Construire un carré équivalent à un polygone donné.*

Fig. 110. — Soit le polygone donné ABCDE : je prolonge le côté AE jusqu'à sa rencontre en F avec la parallèle DF, menée par le point D à la diagonale CE. Les deux triangles CDE, CFE sont équivalents comme ayant même base CE et même hauteur, leurs sommets étant situés sur la même parallèle à la base. Si au triangle CDE, je substitue son équivalent CFE, le polygone donné se trouve transformé en un autre équivalent et contenant un côté de moins. En appliquant le même procédé à cette dernière figure, on arrivera à un triangle équivalent au polygone proposé, et le problème sera résolu, en construisant un carré de même surface que ce dernier triangle.

PROBLÈME.

116. *Construire un carré, dont le rapport à un carré donné soit égal au rapport de deux lignes données.*

Réciproquement, trouver une ligne dont le rapport à une ligne donnée soit égal au rapport de deux carrés donnés.

La solution est donnée par le n° (89).

PROBLÈME.

117. *Construire un polygone semblable à un polygone donné, et dont le rapport à ce polygone soit égal à un rapport donné.*

Soit S la surface et a un côté quelconque du polygone donné; soient S', a', la surface et le côté homologue du polygone cherché; soit $\frac{m}{n}$ le rapport donné;

on aura : $\frac{S'}{S} = \frac{a'^2}{a^2} = \frac{m}{n}$. On déterminera a' par le n° (89), et ce côté trouvé, il n'y a qu'à construire sur sa longueur un polygone semblable au polygone donné (88).

SECONDE PARTIE.

GÉOMÉTRIE DANS L'ESPACE.

LIVRE V.

LES PLANS. — LES ANGLES SOLIDES. — LA SYMÉTRIE.

DÉFINITIONS.

Une ligne droite est *perpendiculaire à un plan*, lorsqu'elle est perpendiculaire à toutes les droites qui passent par son pied dans le plan.

Une ligne est *parallèle à un plan*, lorsqu'elle ne peut le rencontrer à quelque distance qu'on les prolonge l'un et l'autre.

Deux plans sont *parallèles*, lorsqu'ils ne peuvent se rencontrer à quelque distance qu'on les prolonge.

Lorsque deux plans se rencontrent, ils forment une *inclinaison*.

Les deux inclinaisons, situées du même côté de l'un des plans, s'appellent *inclinaisons adjacentes*. Si ces deux inclinaisons sont égales, elles sont *droites*, et les plans qui les forment sont *perpendiculaires entre eux*.

Lorsque plusieurs plans se coupent en un même point, on a un *angle solide*.

Le *polyèdre* est un solide terminé par des plans.

Fig. 111. — Le polyèdre de quatre faces SABC s'appelle *tétraèdre* ou pyramide triangulaire.

Fig. 112. — Deux points A, A', situés sur une droite passant par le point O et à égale distance de ce point, sont dits *symétriques* par rapport au point O, qui s'appelle *centre de symétrie.*

Fig. 113. — Deux points situés sur la perpendiculaire à une droite, et à égale distance de cette droite, *sont symétriques par rapport à cette droite* XY, qui s'appelle l'*axe de symétrie.*

Fig. 114. — Deux points A, A', situés sur une perpendiculaire à un plan MN, et à égale distance du plan, sont *symétriques par rapport à ce plan,* qui s'appelle *plan de symétrie.*

Deux figures sont *symétriques*, lorsque leurs points sont deux à deux symétriques.

CHAPITRE PREMIER.

LES PLANS.

THÉORÈME.

118. *Trois points non en ligne droite déterminent un plan* *.

Fig. 115. — Par la droite AB qui joint deux des points donnés, je fais passer un plan. Ce plan en tournant autour de AB, prendra une position unique dans laquelle il contiendra le troisième point donné C.

Tout autre plan, contenant les trois points donnés, coïn-

* C'est après la définition du plan, dont il est une conséquence immédiate, que ce théorème devrait être placé. On l'a constamment admis dans la géométrie plane. Pour établir la coïncidence des figures, on suppose que deux plans peuvent se superposer exactement, ou que trois points déterminent un plan unique.

Nous avons suivi l'ordre de Legendre, et placé ce théorème après l'étude des figures planes, parce que la démonstration, quelque simple qu'elle soit, en est mieux saisie par les commençants, quand ils ont fait une étude préalable de la géométrie.

cide avec le premier. En effet, soit M un point appartenant à cet autre plan, je mène, dans ce plan et par le point M, une droite MDE, qui coupe AC en D et AB en E; la ligne MDE a deux de ses points D et E dans le premier plan; donc elle y est contenue toute entière; donc le point M y sera contenu; et les deux plans, ayant tous leurs points communs, n'en formeront qu'un seul.

Corollaire 1. *Deux droites, qui se coupent ou qui sont parallèles, déterminent un plan.*

Corollaire 2. *L'intersection de deux plans est une ligne droite.*

THÉORÈME.

119. *Si une droite* AP *est perpendiculaire à deux autres* PB, PC *qui passent par son pied dans un plan, elle sera perpendiculaire à toute autre droite* PD *passant par son pied dans le plan, et ainsi elle sera perpendiculaire au plan.*

Fig. 116. — Une droite AP peut toujours être perpendiculaire à deux autres situées dans un plan; nous n'avons qu'à concevoir par le point P deux perpendiculaires quelconques sur AP, le plan de ces deux perpendiculaires est celui dont nous nous occupons.

Menez dans le plan MN, la droite CBD qui coupe les trois lignes PB, PC, PD; prolongez AP d'une quantité égale A'P; joignez C, D, B en A et en A'. $CA' = CA$, $BA' = BA$, comme obliques égales. Les triangles ACB, A'CB sont donc égaux, comme ayant les trois côtés égaux; par suite $AD = A'D$, les points P et D étant également distants des points A et A', PD est perpendiculaire sur le milieu de AA'.

Corollaire 1. *Par un point, il n'existe qu'une perpendiculaire à un plan* : car s'il y en avait deux, leur plan couperait le plan donné suivant une droite, sur laquelle on pourrait d'un même point mener deux perpendiculaires.

Corollaire 2. *Par un point il n'existe qu'un plan perpendiculaire sur une droite.*

Corollaire 3. *Si par un point d'une droite on lui élève des perpendiculaires, le lieu géométrique des perpendiculaires est le plan perpendiculaire à la droite et passant par le point donné.*

PROBLÈME.

120. *Par un point mener une perpendiculaire à un plan.*

Fig. 116. — 1° Soit le point P situé dans le plan MN : je trace dans ce plan une ligne quelconque CB, et PD perpendiculaire sur CB. Par le point D, je mène une ligne AD perpendiculaire sur BC ; et dans le plan PDA, je construis PA perpendiculaire sur PD : la ligne PA est perpendiculaire au plan MN. Par construction, PA est perpendiculaire sur PD ; il suffit de démontrer qu'elle est perpendiculaire sur une autre droite, PC, située dans le plan MN. Prolongeons PA d'une quantité égale, PA' ; tirons AC, A'C. La ligne CD perpendiculaire aux droites PD, DA, l'est à leur plan, et par suite à la droite A'D ; l'égalité des triangles rectangles CDA, CDA', donne AC = A'C. Donc AP est perpendiculaire sur PC, et par suite sur le plan MN.

2° Si le point donné A est situé hors du plan MN, je trace dans le plan MN la ligne BC ; je tire dans le plan ABC, AD perpendiculaire sur BC ; je mène DP perpendiculaire sur BC dans le plan MN, et enfin dans le plan PDA, je tire AP perpendiculaire sur PD. AP est perpendiculaire au plan MN. Il n'y a qu'à répéter le raisonnement du cas précédent.

THÉORÈME.

121. *Si par un point extérieur, on mène à un plan, une perpendiculaire et des obliques :*

La perpendiculaire est plus courte qu'une oblique ; la grandeur des obliques augmente avec leur distance au pied de la perpendiculaire.

Fig. 117. — Soient : AP perpendiculaire, et AB, AD, AE obliques au plan MN. On voit immédiatement que la perpendiculaire est plus courte qu'une oblique.

Si PD = PB, les obliques AB, AD sont égales, comme appartenant à deux triangles rectangles égaux.

Si la distance PE est plus grande que PD ou son égale PB, on sait que AE > AB, et par suite AE > AD, puisque AB = AD.

Corollaire 1. *Le lieu des pieds des obliques égales est une circonférence qui a pour centre le pied de la perpendiculaire.*

Fig. 118. — Corollaire 2. Soit AP une perpendiculaire au plan MN, et BC une ligne située dans ce plan ; si du pied P de la perpendiculaire on abaisse PD perpendiculaire sur BC et qu'on tire AD, cette dernière ligne est perpendiculaire à BC.

En effet, prenez DB = DC, tirez PB, PC, AB, AC, on a PB = PC, par suite AB = AC ; donc AD est perpendiculaire sur le milieu de BC.

THÉORÈME.

122. *Deux droites parallèles sont perpendiculaires au même plan.*

Fig. 119. — Soit MN le plan perpendiculaire sur AP. Suivant les parallèles AP, DE, conduisez un plan qui coupe MN suivant PD; menez dans MN, BC perpendiculaire à PD, joignez AD. D'après le corollaire précédent, BC est perpendiculaire sur le plan PDA, par suite sur la ligne DE qui y est contenue; donc ED, perpendiculaire sur PD et sur BC, est perpendiculaire sur le plan MN.

Réciproquement, si les droites AP, ED *sont perpendiculaires au même plan, elles sont parallèles*, car si par le point D, je mène une parallèle à PA, cette parallèle est perpendiculaire au plan et coïncide avec DE (119) Corol.

Corollaire. *Deux lignes parallèles à une troisième sont parallèles entre elles*, car si on mène un plan perpendiculaire à la troisième ligne, les deux premières sont perpendiculaires sur ce plan et par suite parallèles.

THÉORÈME.

123. *Si la ligne* AB *est parallèle à la ligne* CD *située dans le plan* MN, *elle sera parallèle à ce plan.*

Fig. 120. — La ligne AB, se trouvant dans le plan ABCD, ne pourrait rencontrer MN qu'en un point de la ligne CD, intersection des deux plans, ce qui est impossible, puisque AB et CD sont parallèles; donc AB est parallèle au plan MN.

THÉORÈME.

124. *Deux plans perpendiculaires à une même droite sont parallèles.*

Fig. 121. — Les plans M, N, perpendiculaires sur AB ne peuvent se rencontrer; car par un point on ne peut mener qu'un plan perpendiculaire sur une droite.

THÉORÈME.

125. *Les intersections de deux plans parallèles par un troisième sont parallèles.*

En effet, ces intersections sont d'abord dans un même plan qui est le troisième; en second lieu elles ne se rencontrent pas comme situées dans deux plans parallèles.

THÉORÈME.

126. *Deux plans parallèles ont la même perpendiculaire.*

Fig. 122. — Soit AA′ perpendiculaire sur M, je dis que cette ligne est perpendiculaire sur le plan N parallèle au premier. Par la droite AA′, je conduis deux plans quelconques qui coupent le premier suivant AB, AC, et le second suivant A′C′, A′B′; ces deux dernières lignes, parallèles chacune à chacune aux deux premières, sont perpendiculaires sur AA′; donc AA′ est perpendiculaire sur le plan N.

Corollaire. *Par un point on peut mener un seul plan parallèle à un plan donné.*

THÉORÈME.

127. *Les parallèles* EG, FH, *comprises entre deux plans parallèles, sont égales.*

Fig. 123. — Le plan de ces deux parallèles coupe les plans M, N, suivant les parallèles EF, GH; la figure EFGH est un parallélogramme, et les côtés opposés sont égaux.

THÉORÈME.

128. *Si deux angles* CAB, C′A′B, *non situés dans le même plan, ont leurs côtés parallèles et dirigés dans le même sens, ils sont égaux, et leurs plans sont parallèles.*

Fig. 124. — Prenons A′C′ = AC, A′B′ = AB; tirons BC, B′C′. Les côtés AB, A′B′ étant égaux et parallèles, BB′ et AA′ sont égaux et parallèles; il en est de même de CC′ et AA′; donc BB′ et CC′ sont égaux et parallèles; par suite BC, B′C′ le sont aussi; donc les triangles ABC, A′B′C′ ont les trois côtés égaux chacun à chacun; donc l'angle CAB = l'angle C′A′B′.

En second lieu, si par le point A', je mène un plan parallèle au plan M, il devra, d'après le théorème précédent, intercepter BB' = CC' = AA'; donc il se confond avec le plan N, donc N est parallèle à M.

COROLLAIRE 1. *Si par un point, on mène des parallèles à des droites contenues dans un même plan, ces parallèles forment un plan parallèle au premier.*

COROLLAIRE 2. *Si trois droites sont égales et parallèles, leurs extrémités forment deux plans parallèles.*

THÉORÈME.

129. *Les dièdres égaux ont des angles plans égaux et réciproquement.*

Fig. 125. — Soit un angle dièdre formé par les plans AD, AF, se coupant suivant l'arête AE; par un point quelconque A de l'arête, je mène dans chaque face du dièdre les lignes BA, CA perpendiculaires à l'arête. L'angle BAC est ce qu'on appelle l'angle plan correspondant à l'angle dièdre.

Fig. 126. — Soient deux dièdres égaux D, D', formés, le premier par les plans DAB, DAC; le second par les plans D'A'B', D'A'C'. Faisons coïncider les dièdres, de manière que le point A tombe en A', les angles plans coïncident; donc ils sont égaux.

Réciproquement, si les angles plans sont égaux, les dièdres le sont. Car, en faisant coïncider les angles plans, les arêtes AD', AD coïncident, les dièdres aussi; donc ils sont égaux.

THÉORÈME.

130. *L'angle dièdre et l'angle plan correspondant ont la même mesure.*

On prouvera cet énoncé par le mode de démonstration déjà employé pour la mesure de l'angle (48).

On suppose implicitement que l'unité d'angle plan est l'angle plan de l'unité d'angle dièdre.

COROLLAIRE 1. *Si deux plans sont perpendiculaires, l'angle plan est droit; car, aux dièdres adjacents égaux, correspondent des angles plans adjacents égaux.*

COROLLAIRE 2. *Si deux dièdres ont leurs faces parallèles ou perpendiculaires, les angles plans sont égaux ou supplémentaires.*

THÉORÈME.

131. *La ligne* AP *étant perpendiculaire au plan* MN, *tout plan* APB, *conduit suivant* AP, *sera perpendiculaire au plan* MN.

Fig. 127. — Soit BC l'intersection des plans AB, MN; dans le plan MN, soit DE perpendiculaire à BP; la ligne AP étant perpendiculaire au plan MN, sera perpendiculaire sur BC et DE; mais l'angle APD étant droit, et mesurant l'inclinaison des plans MN, BA, ces plans sont perpendiculaires.

THÉORÈME.

132. *Si le plan* AB *est perpendiculaire au plan* MN, *et que dans le plan* AB, *on mène la ligne* PA *perpendiculaire à l'intersection commune* PB, *je dis que* PA *sera perpendiculaire au plan* MN.

Fig. 127. — Dans le plan MN, je mène DP perpendiculaire sur BC; l'angle APD est droit, comme mesurant l'inclinaison de deux plans perpendiculaires; donc AP est perpendiculaire sur DP, elle l'était déjà sur BC; donc elle est perpendiculaire au plan MN.

Corollaire. *Les perpendiculaires au plan* MN, *le long d'une ligne* BC *située dans ce plan, forment un plan perpendiculaire à* MN.

THÉORÈME.

133. *Si deux plans* AB, AD, *sont perpendiculaires sur un troisième* MN, *leur intersection sera perpendiculaire à ce troisième.*

Fig. 127. — Car, si par le point P on élève une perpendiculaire au plan MN, cette perpendiculaire devant se trouver à la fois dans les deux autres plans, est leur intersection.

THÉORÈME.

134. *L'angle aigu, que forme une droite* AB *avec sa projection* A'B *sur le plan* MN, *est plus petit que l'angle de* AB *avec toute autre ligne* BD *menée par le point* B *dans le plan.*

Fig. 128. — D'abord la projection de AB sur le plan, ou le lieu des pieds des perpendiculaires abaissées des différents points de AB, est une droite; car toutes les perpendiculaires au plan MN sont parallèles, et passent toutes par une même droite AB ; elles forment donc un plan dont l'intersection avec MN est une droite. Prenons BD = BA' ; les deux triangles ABA', ABD, ont deux côtés égaux chacun à chacun, et comme on a AD > AA', puisque AA' est perpendiculaire au plan, il s'ensuit que l'on a l'angle ABD > l'angle ABA' (10).

Scolie. *L'angle aigu, que fait une droite avec sa projection sur un plan, s'appelle l'inclinaison de la droite sur le plan.*

CHAPITRE DEUXIÈME.

LES ANGLES SOLIDES.

THÉORÈME.

135. *Dans un angle trièdre chaque face est plus petite que la somme et plus grande que la différence des deux autres.*

Fig. 129. — Soit l'angle trièdre S : il suffit de démontrer que la plus grande face est plus petite que la somme des deux autres.

Dans la plus grande face ASB, je fais l'angle BSD = BSC, je tire à volonté la droite ABD, et prenant SC = SD, je tire AC, BC. Les deux triangles BSC, BSD, sont égaux, comme ayant un angle égal compris entre côtés égaux chacun à chacun ; donc BD = BC ; on a AB < AC + BC ; retranchant d'un côté BD, de l'autre son égal BC, il vient AD < AC. Les deux côtés AS, SD sont égaux aux deux côtés AS, SC : le troisième AD est plus petit que le troisième AC ; donc on a l'angle ASD < ASC ; ajoutant BSD = BSC, on aura, ASD + BSD ou ASB < ASC + BSC.

De l'égalité précédente, on déduit : ASC > ASB — BSC.

THÉORÈME.

136. *La somme des angles plans, qui forment un angle solide convexe, est toujours moindre que quatre angles droits.*

Fig. 130. — Coupons l'angle solide par un plan ABCD qui rencontre toutes les arêtes, et joignons le point O, pris dans l'intérieur du polygone, aux sommets A,B,C,D.

Dans le trièdre qui a son sommet en B, la face ABC est plus petite que la somme ABS + SBC des deux autres faces; en continuant de la même manière pour les points C,D,A, on voit que, dans les triangles qui ont leur sommet en O, la somme des angles à la base est plus petite que dans les triangles qui ont leur sommet en S ; comme le nombre des triangles est le même, il faut que la somme des angles en S soit moindre que la somme des angles en O, ou que 4 droits.

THÉORÈME.

137. *Si deux angles trièdres ont leurs faces égales chacune à chacune, aux faces égales sont opposés des dièdres égaux.*

Fig. 131. — Soit ASB=A'S'B', BSC=B'S'C', ASC=A'S'C'. Prenons les six longueurs égales SA, SB, SC, S'A', S'B', S'C', et joignons leurs extrémités ; les triangles ABC, A'B'C' sont équilatéraux entre eux.

Par un point D de l'arête SA, je mène dans les faces SAB, SAC, les droites DE, DF perpendiculaires sur SA ; ces droites rencontreront les côtés AB, AC, puisque les triangles SAB, SAC étant isocèles, les angles à la base, tels que SAB, sont aigus. Tirons EF, prenons D'A' = DA, et répétons la même construction dans le second trièdre.

Les triangles rectangles ADE, A'D'E' sont égaux, comme ayant un angle égal et un côté égal; donc AE = A'E', de même AF = A'F'. Les triangles AEF, A'E'F' sont égaux comme ayant un angle égal adjacent à deux côtés égaux; donc EF = E'F'; donc les triangles DEF, D'E'F' sont équilatéraux entre eux et l'angle D = l'angle D'. Ces angles mesurent les dièdres situés suivant SA et SA'. Donc aux faces égales sont opposés des dièdres égaux.

Si la disposition des faces égales est la même dans les deux trièdres, ces trièdres peuvent coïncider.

Nous renvoyons à la théorie des triangles sphériques les autres propriétés des angles trièdres.

CHAPITRE TROISIÈME.

LA SYMÉTRIE.

THÉORÈME.

138. *Deux systèmes de points symétriques par rapport à une droite sont identiques.*

Fig. 132. — Soit A un point du premier système, et A′ son symétrique dans le second. La ligne AA′ est coupée par l'axe en deux parties égales, et lui est perpendiculaire. Faisons tourner le point A′ de deux droits autour de l'axe XY, après avoir décrit une demi-circonférence, le point A′ vient s'appliquer en A; ce raisonnement s'appliquant à tous les points du second système, on voit : que par une rotation de deux angles droits autour de l'axe de symétrie, on fera coïncider le second système avec le premier.

THÉORÈME.

139. *Si on a trois systèmes de points : le second symétrique du premier par rapport à un point, le troisième symétrique du premier par rapport à un plan; le second et le troisième systèmes sont identiques.*

Fig. 133. — Prenons un point de chaque système : soit A′ symétrique de A par rapport au point O, et A″ symétrique de A par rapport au plan MN qui contient le point O.

Soit D la projection du point A sur le plan MN ; je mène COB perpendiculaire à ce plan, cette droite est parallèle à AA″, et se trouve dans le plan AA″A′. Soit C l'intersection de A″A′ avec BO.

A cause de la symétrie des points A, A″, les triangles rectangles ADO, A″DO sont égaux, comme ayant un angle égal compris entre deux côtés égaux chacun à chacun ; donc angle A″OD = AOD ;

d'où angle A″OC = AOB = A′OC ;
de même A″O = AO = A′O.

Donc, si autour de la ligne BC, comme axe, on fait tourner de deux droits le point A″, ce point viendra s'appliquer en A′, après avoir décrit la demi-circonférence qui a C pour centre et CA″ pour rayon.

Ce qui a lieu pour le point A″, aura lieu pour tous les points du système auquel il appartient; donc par une rotation de deux angles droits, le troisième système vient se placer sur le second; donc ils sont identiques.

Nous avons supposé que le plan de symétrie contenait le centre de symétrie O; s'il n'en était pas ainsi, on ferait mouvoir le point A″ et son système dans un sens perpendiculaire au plan de symétrie MN; ce plan se déplace alors parallèlement à lui-même, et on l'amène à passer par le point O.

THÉORÈME.

140. *Une droite a pour symétrique une droite parallèle.*

Fig. 134. — La symétrie par rapport à un centre ou à un plan, conduisant à des résultats identiques, nous allons nous occuper de la symétrie par rapport à un centre.

Soit la droite AB, et A′, B′, les points symétriques de A et B par rapport à O. Les deux triangles AOB, A′O′B′, égaux comme ayant un angle égal compris entre deux côtés égaux chacun à chacun, prouvent :

1° Par l'égalité des angles OAB, OA′B′, que B′ symétrique d'un point quelconque B de la ligne AB, se trouve sur une parallèle A′B′ à AB;

2° Par l'égalité des côtés BA, B′A′, qu'une distance a pour symétrique une distance égale.

Corollaire. *La distance du centre à deux droites symétriques est la même.*

THÉORÈME.

141. *Un plan a pour symétrique un plan parallèle.*

Fig. 135. — Soit le plan M; O le centre de symétrie, et A′ le symétrique d'un point A du plan M; si par le point A je tire dans le plan M des lignes quelconques, elles ont pour symétriques des lignes parallèles menées par le point A'. Ces parallèles constituent un plan parallèle au premier (128).

COROLLAIRE. *Deux plans symétriques sont également distants du centre de symétrie.*

La distance d'un point à un plan est égale à celle de leurs symétriques.

THÉORÈME.

142. *Deux polyèdres symétriques sont égaux dans toutes leurs parties.*

En effet, des théorèmes précédents il résulte : qu'à une face du premier polyèdre correspond une face parallèle dans le second ; ces deux faces ont leurs côtés égaux et parallèles chacun à chacun ; donc les faces symétriques sont égales.

Les inclinaisons sont égales, puisque les faces symétriques sont parallèles et forment des dièdres égaux.

Les polyèdres symétriques ne peuvent pas coïncider, parce que les angles solides symétriques, quoique égaux dans toutes leurs parties, ont une disposition inverse.

Cela veut dire que si l'on se place par rapport à deux angles solides symétriques, successivement de la même manière, et qu'on parcoure les faces dans le même sens ; si dans le premier angle on trouve les faces dans l'ordre

$$1,\ 2,\ 3,\ 4\ \ldots.\ n,$$

dans le second angle solide on trouve les faces dans l'ordre

$$1,\ n,\ \ldots.\ 4,\ 3,\ 2.$$

Fig. 136. — Prenons, pour plus de simplicité, deux angles trièdres, dont le sommet soit le centre de symétrie ; plaçons-nous dans l'intérieur du premier, la tête au point O ; regardons la face AOB, ou 1, et suivons le sens direct, de droite à gauche, nous trouverons d'abord la face BOC ou 2, et puis COA ou 3. L'ordre des faces est 1, 2, 3. Plaçons-nous de la même manière par rapport au trièdre symétrique ; on voit, qu'en partant de la face 1, et allant dans le même sens, de droite à gauche, les faces sont parcourues dans l'ordre 1, 3, 2.

COROLLAIRE. *Deux polyèdres symétriques d'une troisième sont égaux.*

LIVRE VI.

LE VOLUME DES POLYÈDRES. — LEUR SIMILITUDE.

DÉFINITIONS.

Fig. 139. — Le *prisme* est un solide compris sous plusieurs plans parallélogrammes terminés de part et d'autre par deux polygones égaux et parallèles.

Ces deux polygones sont les *bases*, et leur distance est la *hauteur* du prisme. Si les arêtes sont perpendiculaires aux bases, le prisme est *droit*.

Le *parallélipipède* est un prisme qui a pour base un parallélogramme. S'il est droit et que la base soit un rectangle, le parallélipipède est *rectangle*.

La *pyramide* est le solide formé en joignant un même point à tous les sommets d'un polygone qui s'appelle base.

Si la base est un polygone régulier, et si le sommet se trouve sur la perpendiculaire menée à la base par son centre, la pyramide est *régulière*.

Nous ne considérons que des polyèdres *convexes*, c'est-à-dire, tels qu'une face prolongée laisse tous les sommets d'un même côté de sa direction.

CHAPITRE PREMIER.

LE VOLUME DES POLYÈDRES.

THÉORÈME.

143. *Deux prismes sont égaux lorsqu'ils ont un angle solide compris entre trois plans égaux chacun à chacun, et semblablement placés.*

Fig. 137. — Soient les plans égaux : ABCDE = A'B'C'D'E', BH = B'H', BF = B'F'; les angles solides B et B' sont égaux, comme formés par trois faces égales et semblablement placées. Si on fait coïncider ces angles, les bases inférieures des deux prismes coïncident, et les points F', G', H', se trouvent en F, G, H ; comme les deux bases supérieures sont égales et ont trois sommets communs, elles coïncident ainsi que les prismes.

Corollaire. *Deux prismes droits qui ont des bases égales et même hauteur sont égaux.*

THÉORÈME.

144. *Dans tout parallélipipède les faces opposées sont égales et parallèles.*

Fig. 138. — D'après la définition de ce solide, les bases ABCD, EFGH sont des parallélogrammes égaux et parallèles. Il suffit de démontrer la même propriété pour deux faces latérales BG, AH ; or AD est égal et parallèle à BC ; AE est égal et parallèle à BF (puisque AB et EF le sont) ; donc les faces opposées sont égales et parallèles.

THÉORÈME.

145. *Dans tout parallélipipède, les diagonales se coupent mutuellement en deux parties égales.*

Fig. 138. — Soit le parallélipipède BH ; tirons FH, BD. Dans le parallélogramme ainsi construit, la diagonale FD sera coupée en son milieu O par la diagonale BH ; elle serait coupée de la même manière par toute autre diagonale du parallélipipède ; ce qui prouve l'énoncé.

Corollaire. *Le plan* BFHD, *qui passe par deux arêtes opposées d'un parallélipipède, le décompose en deux prismes triangulaires symétriques.*

THÉORÈME.

146. *Dans tout prisme, les sections faites par des plans parallèles sont des polygones égaux.*

Fig. 139. — Soient les sections parallèles LMNPQ, L'M'N'P'Q'. Les côtés LM, L'M' sont parallèles, comme intersections de deux plans parallèles par un troisième; ils sont égaux, comme côtés opposés d'un parallélogramme; donc les deux sections ont leurs côtés égaux et parallèles chacun à chacun; donc elles sont égales.

THÉORÈME.

147. *Si deux parallélipipèdes rectangles ont deux dimensions communes, le rapport des volumes est égal au rapport des troisièmes dimensions.*

On appelle dimensions d'un parallélipipède rectangle, les longueurs des trois arêtes partant d'un même sommet.

Fig. 140. — Soient les parallélipipèdes rectangles AF, HL, ayant même base AB = HK : le rapport des volumes est égal au rapport des hauteurs.

En effet, soit la hauteur HM partagée en deux parties égales, et une de ces divisions contenue trois fois dans la hauteur AE; on a :

$$\frac{AE}{HM} = \frac{3}{2}.$$

Dans les deux parallélipipèdes, menons par les points de division des hauteurs des plans parallèles à la base. Nous aurons décomposé le premier volume en 3 parallélipipèdes et le second volume en 2. Tous ces parallélipipèdes partiels sont égaux entre eux, comme ayant même base et même hauteur, donc :

$$\frac{AF}{HL} = \frac{3}{2},$$

d'où

$$\frac{AF}{HL} = \frac{AE}{HM}.$$

Le théorème précédent ayant lieu, quelque petite que soit la commune mesure qui existe entre les hauteurs, est général (48).

THÉORÈME.

148. *Si deux parallélipipèdes rectangles ont une dimension commune, le rapport de leurs volumes égale le rapport des produits des deux autres dimensions.*

Soit V le volume du premier parallélipipède ayant pour dimensions a, b, c.

Soient V', a, b', c', le volume et les dimensions du second. Formons un troisième parallélipipède rectangle dont le volume et les dimensions soient V', a, b, c'. Ce dernier volume a deux dimensions communes avec chacun des volumes précédents, donc :

$$\frac{V}{V''} = \frac{c}{c'}, \quad \frac{V''}{V'} = \frac{b}{b'}.$$

Multipliant par ordre, il vient : $\dfrac{V}{V'} = \dfrac{bc}{b'c'}.$

THÉORÈME.

149. *Le rapport des volumes de deux parallélipipèdes rectangles égale le rapport des produits de leurs trois dimensions.*

Représentons par V, a, b, c, le volume et les dimensions du premier, et par V', a', b', c', le volume et les dimensions du second.

Je construis un troisième parallélipipède rectangle, dont V', a. b, c', représentent le volume et les dimensions. Ce dernier volume a deux dimensions communes avec le premier volume, et une dimension commune avec le second ; donc :

$$\frac{V}{V''} = \frac{c}{c'}, \quad \frac{V''}{V'} = \frac{ab}{a'b'}.$$

Multipliant par ordre et divisant par V'' les deux termes du premier rapport, il vient :

$$\frac{V}{V'} = \frac{abc}{a'b'c'}.$$

MESURE DU PARALLÉLIPIPÈDE RECTANGLE.

150. Si nous prenons pour second parallélipipède rectangle V', le cube dont le côté est égal à l'unité de longueur, et, si on adopte ce cube pour unité de volume, il vient :

$$\frac{V}{1} = \frac{abc}{1},$$

ou

$$V = abc.$$

Donc, en prenant pour unité de volume le cube qui a pour arête l'unité de longueur : le nombre qui mesure le volume d'un parallélipipède rectangle est égal au nombre qui exprime le produit de ses trois dimensions.

THÉORÈME.

151. *Tout prisme oblique est équivalent au prisme droit de même arête et qui a pour base la section droite du premier.*

Fig. 141. — Soit le prisme oblique ABCDEF. Par un point D′, pris sur l'arête DA suffisamment prolongée, je mène le plan D′E′F′ perpendiculaire aux arêtes du prisme donné, et ne rencontrant pas les côtés de la base ABC. Je prends D′A′ = DA, et je mène par le point A′, une section droite égale à la première.

Les volumes A′B′C′ABC, D′E′F′DEF, sont égaux; car en faisant glisser le premier le long des arêtes du prisme, de manière que la section droite A′B′C′ s'applique sur son égale D′E′F′, les points A, B, C, viendront en D, E, F; puisque des égalités D′A′ = DA, E′B′ = EB ..., on déduit A′A = D′D, B′B = E′E...

Si du volume total A′B′C′DEF, on retranche successivement les deux volumes dont nous venons de parler, les restes, c'est-à-dire le prisme droit et le prisme oblique, sont équivalents.

Corollaire. *Les surfaces latérales des deux primes sont équivalentes.*

THÉORÈME.

152. *Le plan qui passe par deux arêtes opposées d'un parallélipipède, le décompose en deux prismes triangulaires équivalents.*

Fig. 142. — Soit le parallélipipède BH: le plan qui passe par les arêtes BF, DH, le partage en deux prismes triangulaires équivalents. En effet, menons une section droite A′B′C′D′; les portions A′B′D′, B′D′C′ de cette section, comprises entre les arêtes des deux prismes, sont égales, comme moitiés d'un même parallélogramme A′B′C′D′. Les deux prismes droits qui auraient ces sections pour bases et une arête égale à celle du parallélipipède, sont égaux entre eux (143), et équivalents aux proposés. Donc les deux primes triangulaires proposés sont équivalents, et chacun d'eux est la moitié du parallélipipède.

THÉORÈME.

153. *Un parallélipipède droit a pour mesure le produit de sa base par sa hauteur.*

Fig. 143. — Soit le parallélipipède droit AL, ayant le parallélogramme AC pour base et AI pour hauteur. Faisons dans ce corps une section EFGH perpendiculaire à l'arête AB ; cette section est un rectangle, car ses angles mesurent des dièdres droits. Or, le parallélipipède AL est équivalent (151) au parallélipipède ayant même arête AB et dont la base est la section droite EH. Ce dernier parallélipipède étant rectangle, a pour mesure (150), AB×EF×FH. Cette mesure est donc celle du parallélipipède AL ; mais AB × EF est égal à la base AC, et FH est la hauteur du parallélipipède AL.

THÉORÈME.

154. *Un parallélipipède quelconque a pour mesure le produit de sa base par sa hauteur.*

Fig. 144. — Soit BH un parallélipipède quelconque ayant le parallélogramme BD pour base et MK pour hauteur. Par MK je mène le plan IKLNM perpendiculaire sur l'arête BC. Le parallélipipède proposé est équivalent au parallélipipède droit ayant IN pour base et BC pour arête ; la mesure de ce dernier volume, et par suite celle du proposé, est MILN × BC, ou MK × IL × BC. Mais MK est la hauteur du parallélipipède donné, et IL × BC est sa base.

THÉORÈME.

155. *Un prisme a pour mesure le produit de sa base par sa hauteur.*

Fig. 145. — Un prisme triangulaire étant la moitié du parallélipipède de base double et de même hauteur, a pour mesure le produit de sa base par sa hauteur.

Si l'on considère un prisme quelconque, on décomposera le polygone qui lui sert de base en triangles, et par suite, le prisme donné sera la somme de prismes triangulaires ayant tous même hauteur. La mesure de cette somme est la somme des bases ou la base totale multipliée par la hauteur.

THÉORÈME.

156. *Toute section parallèle à la base d'une pyramide est un polygone semblable à la base, et coupe les arêtes et la hauteur en parties proportionnelles.*

Fig. 146. — Soit la section A'B'C'D' parallèle à la base dans la pyramide SABCD. Soit SO'O la hauteur. Tirons BO, B'O'. Les lignes AB, A'B'; BO, B'O'; BC, B'C'; .... sont parallèles entre elles (125). Par suite, les triangles SAB, SA'B'; SBO, SB'O', ... sont semblables, et donnent

$$\frac{SO}{SO'} = \frac{SB}{SB'} = \frac{SA}{SA'} = \frac{AB}{A'B'} = \frac{BC}{B'C'}, \ldots.$$

donc, la hauteur et les arêtes sont coupées en parties proportionnelles.

En second lieu : dans la base et la section, le rapport des côtés homologues est constant; de plus, les côtés homologues étant parallèles chacun à chacun, les deux polygones sont équiangles, et semblables.

Par suite :

$$\frac{ABCD}{A'B'C'D'} = \frac{\overline{AB}^2}{\overline{A'B'}^2} = \frac{\overline{SB}^2}{\overline{SB'}^2} = \frac{\overline{SO}^2}{\overline{SO'}^2}.$$

La valeur d'une section parallèle à la base, ne dépendant que de sa distance à la base, il s'ensuit que dans les pyramides de même hauteur et de base équivalente, les sections faites à égale distance de la base sont équivalentes.

THÉORÈME.

157. *Le volume d'une pyramide est égal à la limite de la somme des prismes inscrits ou circonscrits construits sur des sections équidistantes entre elles et parallèles à la base.*

Fig. 147. — Soit la pyramide triangulaire SABC. Je partage la hauteur en trois parties égales. Par les points de division je mène des sections parallèles à la base.

Sur la base je construis un prisme extérieur ABCDB'C', dont les arêtes sont parallèles à une arête SA de la pyramide. Sur chaque section, et en donnant aux arêtes la direction précédente, je construis un prisme intérieur, et un prisme extérieur à la pyramide.

On a ainsi 2 prismes intérieurs et 3 extérieurs. Le 2e prisme extérieur DEFGE'F' égale le premier prisme intérieur DEFA*ef*, comme ayant même base et même hauteur.

Le 3e prisme extérieur égale le 2e prisme intérieur. Donc la différence entre la somme des prismes extérieurs et intérieurs, et ceci a lieu quelque soit leur nombre, est égale au prisme extérieur construit sur la base de la pyramide. Cette différence tend indéfiniment vers zéro, avec la partie aliquote de la hauteur de la pyramide qui sert de hauteur au prisme. Par suite les deux sommes, qui comprennent la pyramide, ont pour limite commune le volume de la pyramide. Ceci a lieu pour une pyramide quelconque.

THÉORÈME.

158. *Deux pyramides de même hauteur et de base équivalente ont des volumes équivalents.*

Partageons les hauteurs des deux pyramides en un même nombre de parties égales, et par les points de division menons des plans parallèles aux bases.

Si sur les sections, et dans les deux pyramides, nous construisons des prismes intérieurs, les deux prismes intérieurs compris entre les mêmes plans sont équivalents chacun à chacun, comme ayant même hauteur et base équivalente (156). Faisons tendre indéfiniment la subdivision de la hauteur vers zéro, les deux sommes de prismes, étant constamment égales, ont la même limite. Donc, deux pyramides de même hauteur et de base équivalente sont équivalentes.

THÉORÈME.

159. *Toute pyramide triangulaire est le tiers du prisme de même base et de même hauteur.*

Fig. 148. — Soient: SABC une pyramide, et ABCSED un prisme triangulaire de même base et de même hauteur.

Retranchez du prisme la pyramide SABC, il reste le solide SACDE, qu'on peut considérer comme une pyramide quadrangulaire dont le sommet est en S, et qui a pour base le parallélogramme ACDE. Menez le plan ESC, il partage le solide précédent en deux pyramides équivalentes, comme ayant même hauteur et base équivalente, puisque le sommet S est commun, et que les bases AEC, ECD sont les moitiés d'un même parallélogramme.

Si dans la pyramide SAEC, je fais glisser le sommet S en B, suivant SB parallèle à la base, j'ai une pyramide équivalente BEAC, qui, en y considérant E comme sommet, est équivalente à SABC. Donc les trois pyramides qui composent le prisme sont équivalentes, et la pyramide SABC est le tiers du prisme.

THÉORÈME.

160. *Toute pyramide a pour mesure le tiers du produit de la base par la hauteur.*

Si la pyramide est triangulaire, l'énoncé résulte évidemment du théorème précédent.

Si la pyramide est quelconque: on partage la base en triangles, et on décompose ainsi le solide en pyramides triangulaires qui ont même hauteur; leur somme égale le tiers de la hauteur multiplié par la somme des bases ou la base totale.

THÉORÈME.

161. *Si une pyramide est coupée par un plan parallèle à sa base, le tronc qui reste en ôtant la petite pyramide est égal à la somme de trois pyramides ayant pour hauteur commune la hauteur du tronc et dont les bases seraient, la base inférieure du tronc, la base supérieure, et une moyenne proportionnelle entre les deux bases.*

Fig. 149. — Soit ABCDE une pyramide coupée par le plan *abd* parallèle à la base, soit TEGH une pyramide triangulaire de même hauteur et de base équivalente; les deux bases étant supposées placées sur le même plan, le plan *abd* prolongé détermine une section *fgh* équivalente à *abd*; les deux grandes pyramides et les deux petites sont équivalentes entre elles, comme ayant même hauteur et base équivalente; donc les troncs AC*ac*, FGH*fgh* sont équivalents; et il suffit de démontrer la proposition pour le seul cas d'un tronc de pyramide triangulaire.

Fig. 150. — Par les trois points F, g, H, je conduis un plan qui retranche du tronc la pyramide FgH ayant la hauteur et la base inférieure du tronc.

Dans la pyramide quadrangulaire $gFfhH$, je mène le plan fgH qui la décompose en deux pyramides triangulaires dont l'une Hfgh a la hauteur et la base supérieure du tronc.

Quant à la troisième gfFH, je transporte le sommet g en K, le long de gK parallèle à fF, ou à la base fEH de la pyramide ; donc le volume n'a pas changé. J'ai ainsi la pyramide fFKH qui a la hauteur du tronc ; il suffit de démontrer que la base FKH est moyenne proportionnelle entre les deux bases du tronc. Or, les trois triangles GFH, KFH, gfh ont les angles en F et f égaux ; donc (108),

$$\frac{FGH}{KFH} = \frac{GF}{FK}, \quad \frac{KFH}{gfh} = \frac{FH}{fh}.$$

La similitude de la base et de la section fgh donne, puisque $FK = fg$,

$$\frac{GF}{FK} = \frac{GF}{fg} = \frac{FH}{fh},$$

$$\text{d'où} \quad \frac{GFH}{HFK} = \frac{HFK}{gfh}, \quad \text{ou} \quad \overline{FKH}^2 = GFH \times fgh.$$

THÉORÈME.

162. *Un tronc de prisme triangulaire est égal au volume de trois pyramides ayant la base du tronc et pour hauteur la distance des trois sommets du tronc de prisme à la base.*

Fig. 148. — Soit un prisme qui a pour base ABC, et que l'on a coupé par un plan EDS non parallèle à la base. Son volume est égal à trois pyramides ayant ABC pour base, et pour hauteur les distances des points E, S, D, à la base. On pourrait prendre ESD pour base et ABC pour section.

Menons le plan SABC, il détache du tronc de prisme la pyramide SABC qui satisfait à l'énoncé.

Le plan ESC partage la pyramide quadrangulaire SAEDC qui reste, en deux pyramides triangulaires, SAEC, SEDC.

Dans la première, je fais glisser le sommet S en B, sur une parallèle à la base et j'obtiens la pyramide équivalente BEAC, ou EABC, qui est une des pyramides énoncées ayant ABC pour base et son sommet en E.

Enfin, reste la pyramide SEDC ; considérant E comme sommet, je le fais glisser en A, et j'ai la pyramide SACD.

Je fais glisser S en B, et j'ai la pyramide DABC qui est bien la troisième pyramide énoncée.

THÉORÈME.

163. *Deux polyèdres symétriques sont équivalents.*

En effet, ces polyèdres sont décomposables en un même nombre de tétraèdres symétriques, et les tétraèdres symétriques sont équivalents; leurs bases sont égales comme figures symétriques ; les hauteurs sont aussi égales, car la distance d'un point à un plan est égale à celle de leurs symétriques (141) COROLLAIRE.

CHAPITRE DEUXIÈME.

LA SIMILITUDE DES POLYÈDRES.

Deux polyèdres semblables sont ceux qui sont compris sous un même nombre de faces semblables chacune à chacune et dont les angles polyèdres homologues sont égaux.

THÉORÈME.

164. *En coupant une pyramide par un plan parallèle à la base on détermine une pyramide partielle semblable à la première.*

FIG. 146. — En effet, on a vu (156) que dans les deux pyramides, toutes les faces sont semblables chacune à chacune, semblablement placées et également inclinées; donc les angles solides sont égaux.

THÉORÈME.

165. *Deux pyramides triangulaires, qui ont un angle dièdre égal compris entre deux faces semblables et semblablement placées, sont semblables.*

FIG. 151. — Soient les deux tétraèdres SABC, TDEF, ayant les dièdres suivant SA, TC, égaux, et les faces SAB, TDE semblables, ainsi que SAC, TDF; la disposition des faces semblables étant la même, ces tétraèdres sont semblables. Je porte le second tétraèdre sur le premier, de manière à faire coïncider les sommets T, S, et le dièdre égal. Le point D vient en A', et les points E, F, en B', C', sur les arêtes SB, SC, à cause de la similitude des faces adjacentes au dièdre égal; de plus A'B' et AB sont parallèles, ainsi que A'C' et AC; par suite les plans ABC, A'B'C' sont parallèles (128).

Donc le tétraèdre SA'B'C', égal à TDEF, est semblable au tétraèdre SABC.

THÉORÈME.

166. *Deux polyèdres semblables sont décomposables en un même nombre de tétraèdres semblables chacun à chacun et semblablement placés.*

Fig. 152. — Concevons le premier polyèdre décomposé en pyramides triangulaires qui ont toutes pour sommet commun le point S. Opérons la même décomposition dans le second polyèdre en prenant le sommet homologue S'.

Les pyramides homologues SABC, S'A'B'C' sont semblables; car les dièdres situés suivant les arêtes SB et SB' sont égaux et compris entre des faces semblables chacune à chacune, comme appartenant à deux polyèdres semblables.

Prenons les deux tétraèdres suivants, SADC, S'A'D'C', qui ont une face commune avec chacun des précédents.

Les inclinaisons situées suivant AC, A'C', sont égales. La première inclinaison = inclinaison des faces ABC, ADC, — inclinaison des faces ABC, ASC. La seconde inclinaison = inclinaison A'B'C', A'B'D', — inclinaison A'B'C', A'S'C'. Les premiers termes de ces différences sont égaux comme dièdres homologues de solides semblables (ils sont égaux à deux droits si les faces ABC, ADC sont dans le même plan), les seconds termes sont aussi égaux comme dièdres homologues appartenant aux deux tétraèdres précédents. Donc les tétraèdres SADC, SA'D'C' sont semblables, comme ayant une inclinaison égale, comprise entre deux faces semblables, qui appartiennent soit aux tétraèdres précédents, soit à la surface des polyèdres.

En continuant ce mode de démonstration on prouve l'énoncé.

THÉORÈME.

167. *Deux polyèdres, composés d'un même nombre de tétraèdres semblables chacun à chacun et semblablement placés, sont semblables.*

Fig. 152. — Soient S et S', les sommets communs des tétraèdres semblables dans les deux polyèdres.

Les faces des polyèdres sont semblables, comme composées d'un même nombre de triangles semblables chacun à chacun, semblablement placés, et situés dans le même plan. Car, si dans la première figure, les triangles ABC, CDA forment un plan, on a angle $BCD = BCA + ACD$; il en est de même des triangles homologues dans le second solide.

En second lieu, les angles solides homologues sont égaux, comme composés d'angles trièdres égaux chacun à chacun et disposés de la même manière.

Les deux polyèdres ont les faces semblables, les angles polyèdres égaux chacun à chacun ; donc ils sont semblables.

Corollaire. *Deux polyèdres semblables à un troisième sont semblables entre eux.*

THÉORÈME.

168. *Deux pyramides semblables ont un rapport égal à celui des cubes des arêtes homologues.*

Fig. 146. — Soient les pyramides semblables SABCD, S'A'B'C'D', on a évidemment :

$$\frac{SABCD}{S'A'B'C'D'} = \frac{ABCD \times \frac{1}{3} SO}{A'B'C'D' \times \frac{1}{3} SO'} = \frac{\overline{SA}^2}{\overline{SA'}^2} \times \frac{SO}{SO'} = \frac{\overline{SA}^3}{\overline{SA'}^3}.$$

THÉORÈME.

169. *Le rapport de deux polyèdres semblables égale le rapport des cubes des arêtes homologues.*

Décomposons les deux polyèdres en un même nombre de tétraèdres semblables. Soient T, T', T'', ... les tétraèdres du premier polyèdre ; *t*, *t'*, *t''*, ... les homologues du second ; A et *a* deux arêtes homologues, on a :

$$\frac{A^3}{a^3} = \frac{T}{t} = \frac{T'}{t'} = \frac{T''}{t''} \dots = \frac{T + T' + T'' + \dots}{t + t' + t'' + \dots}.$$

LIVRE VII.

LES TROIS CORPS RONDS.

DÉFINITIONS.

Fig. 153. — On appelle *cylindre droit à base circulaire*, le solide produit par la révolution d'un rectangle ABCD qu'on imagine tourner autour du côté immobile AB.

Fig. 154. — On appelle *cône droit à base circulaire*, le solide produit par la révolution d'un triangle rectangle SAB qu'on imagine tourner autour du côté immobile SA de l'angle droit.

La *sphère* est un solide terminé par une surface courbe, dont tous les points sont également distants d'un point intérieur appelé centre.

Tout cercle qui passe par le centre de la sphère est un *grand cercle*.

Si la sphère est coupée par deux plans parallèles, la portion de surface interceptée est une *zone*, le volume intercepté est un *segment sphérique*. La distance des deux plans est *la hauteur* de la zone et du segment.

On peut supposer la surface de la sphère engendrée par la révolution d'une demi-circonférence autour de son diamètre.

CHAPITRE PREMIER.

LE CONE DROIT A BASE CIRCULAIRE.

THÉORÈME.

170. *Dans un cône droit à base circulaire les sections parallèles à la base sont des cercles.*

Fig. 154. — Soit le cône engendré par la révolution du triangle rectangle SAB autour du côté AS, et supposons A'B' perpendiculaire à SA. Pendant que la ligne AB décrit le cercle AB, perpendiculaire à SA, la ligne A'B' décrit le cercle A'B' perpendiculaire aussi à l'axe du cône; donc, toute section parallèle à la base est un cercle.

THÉORÈME.

171. *La surface latérale du cône est égale à la circonférence de base multipliée par la moitié de l'arête.*

Fig. 155. — Inscrivons dans la base un polygone régulier; en joignant les sommets au point S, on aura une pyramide régulière inscrite dans le cône. Soient: AE un côté du polygone régulier, SAE une face de la pyramide, et SF la ligne qui va du sommet au milieu de la base AE, dans le triangle SAE; la surface latérale de la pyramide se compose de triangles égaux aux précédents, elle est donc égale à la moitié de la hauteur commune $\frac{SF}{2}$ multipliée par la somme des bases, ou le périmètre du polygone. Donc en appelant s la surface latérale de la pyramide et p le périmètre du polygone, on aura :

$$s = p \times \frac{SF}{2}.$$

En doublant indéfiniment les côtés du polygone régulier inscrit dans la base, s, p, SF ont pour limites: surface latérale du cône ou S *, cir. BC, SA. Donc en posant $BC = R$,

$$S = 2\pi R \times \frac{SA}{2}.$$

THÉORÈME.

172. *La surface latérale d'un tronc de cône à bases parallèles est égale à l'arête multipliée par la demi-somme des circonférences qui lui servent de bases.*

Fig. 156. — Soit BC B'C' le tronc de cône: supposons que le cône total existe, et que dans ce cône on ait inscrit une

* Le périmètre inscrit ayant pour limite la circonférence, il est évident que la surface latérale de la pyramide a pour limite la surface latérale du cône.

pyramide régulière ; en détachant par le plan sécant B'C', le cône supérieur et la pyramide supérieure, il reste un tronc de pyramide régulière inscrit dans le tronc de cône.

Soient BE, B'E' les côtés correspondants des deux polygones réguliers inscrits dans les deux bases ; la ligne, qui allait du point F, milieu de BE, au sommet du cône, passe par F', milieu de B'E' ; et FF' est perpendiculaire à la fois sur les côtés BE, B'E'.

La surface latérale du tronc de pyramide se compose de trapèzes égaux à BE B'E', ayant tous même hauteur FF'. La somme des trapèzes égale la hauteur commune FF' multipliée par la demi-somme de toutes les bases supérieures et inférieures, ou par la demi-somme des périmètres inférieur et supérieur. En désignant par s la surface latérale du tronc de pyramide, et par p, p', les périmètres des polygones inférieur et supérieur, on a

$$s = \mathrm{FF'} \times \frac{p+p'}{2}.$$

Doublons indéfiniment le nombre des côtés des deux polygones réguliers ; s, FF', p, p' ont pour limites : surface latérale du tronc de cône ou S, BB', cir. AC, cir. A'C' ; et en posant AC = R, A'C' = R', il vient

$$\mathrm{S} = \mathrm{BB'} \times \frac{2\pi\mathrm{R} + 2\pi\mathrm{R'}}{2} = \mathrm{BB'} \times 2\pi \frac{\mathrm{R}+\mathrm{R'}}{2}.$$

Soit GH parallèle à AC, et menée à égale distance des bases ; on a (105),

$$\frac{\mathrm{R}+\mathrm{R'}}{2} = \frac{\mathrm{AC}+\mathrm{A'C'}}{2} = \mathrm{GH}.$$

D'où $\mathrm{S} = \mathrm{CC'} \times 2\pi\,\mathrm{GH}.$

On a donc cette seconde expression : la surface latérale d'un tronc de cône est égale à l'arête multipliée par la circonférence menée à égale distance des bases.

THÉORÈME.

173. *Le volume du cône est égal au cercle qui lui sert de base, multiplié par le tiers de la hauteur.*

Fig. 155. — Inscrivons dans le cercle de base un polygone régulier dont AE est un côté. En joignant les sommets en S on aura une pyramide régulière inscrite dans le cône ; et en désignant par b la surface du polygone, et par v le volume de la pyramide, il vient

$$v = b \times \frac{SB}{3}.$$

Doublons indéfiniment le nombre des côtés du polygone régulier inscrit dans la base du cône, v et b ont pour limites, vol. cône, ou V, cercle BC; et en posant $BC = R$, il vient

$$V = \pi R^2 \times \frac{1}{3} SB.$$

Corollaire. *Le volume d'un cône quelconque est égal au produit de la base par le tiers de la hauteur.*

Fig. 157. — Soit le volume compris entre la courbe plane ABC, et les droites qui vont du point fixe S aux différents points de la courbe précédente. La hauteur du cône est la perpendiculaire SO abaissée du sommet sur le plan de la base ABC. On inscrira dans la courbe qui termine la base un polygone quelconque; en faisant tendre indéfiniment vers zéro les côtés de ce polygone, le périmètre, le polygone et la pyramide inscrite ont pour limites, le périmètre de la base, la base et le volume du cône; d'où l'on conclut le principe énoncé.

THÉORÈME.

174. *Le volume d'un tronc de cône est égal à trois cônes ayant la hauteur du tronc, et pour bases, la base inférieure, la base supérieure du tronc, et une moyenne proportionnelle entre ces deux bases.*

Fig. 156. Soit le tronc de cône AC A′C′: inscrivons dans ce tronc de cône un tronc de pyramide régulière ; en désignant par b, b', les bases, et par v le volume du tronc de pyramide, on a

$$v = \frac{1}{3} AA'(b + b' + \sqrt{bb'}).$$

Doublons indéfiniment le nombre des côtés des polygones réguliers inscrits dans les deux bases du cône. En posant $AC = R$, $A'C' = R'$, $AA' = H$; on voit que v, b. b' ont pour limites: vol. tronc de cône ou V, πR^2, $\pi R'^2$; d'où

$$V = \frac{1}{3} H (\pi R^2 + \pi R'^2 + \pi RR') = \frac{1}{3} \pi H (R^2 + R'^2 + RR').$$

Fig. 157. — Corollaire. *Si, dans un cône ayant pour base une surface plane terminée par une courbe quelconque, on mène un plan parallèle à la base, le volume du tronc est donné par l'énoncé précédent.*

CHAPITRE DEUXIÈME.

LE CYLINDRE DROIT A BASE CIRCULAIRE.

THÉORÈME.

175. *La surface latérale d'un cylindre est égale à la circonférence qui lui sert de base multipliée par la hauteur.*

Fig. 158. — Inscrivons dans la base inférieure du cylindre un polygone régulier ; par les sommets élevons des perpendiculaires à la base ; elles déterminent dans la base supérieure un polygone régulier égal au précédent, et un prisme régulier inscrit dans le cylindre. Soient : p le périmètre de la base du prisme, s sa surface latérale. Cette surface se compose de rectangles égaux à ADCB, ayant tous pour hauteur l'arête ou la hauteur du cylindre ; elle est donc égale à la hauteur multipliée par le périmètre de la base ; d'où, en posant AB $=$ H,

$$s = p \times \text{H}.$$

Doublons indéfiniment le nombre des côtés du polygone régulier inscrit ; s, p ont pour limites : surface latérale du cylindre, ou S, cir. AG ; d'où, en posant AG $=$ R,

$$\text{S} = 2\pi\text{R}.\text{H}.$$

Fig. 159. — *Le cylindre droit quelconque* est celui dont les bases sont limitées par deux courbes planes égales et parallèles. *La surface convexe* du cylindre est le lieu des positions successives d'une droite, qui en demeurant toujours parallèle à elle-même, s'appuie sur les deux courbes dont il vient d'être parlé.

Dans un cylindre droit quelconque, la surface convexe est égale au périmètre de la base multiplié par la hauteur.

THÉORÈME.

176. *Le volume du cylindre est égal au produit de la base par la hauteur.*

Fig. 158. — En désignant par b, v, la base et le volume du prisme considéré dans le numéro précédent, on a

$$v = b.\mathrm{H}.$$

Mais, v, b, ont pour limites : volume du cylindre ou V, cercle AG ou $\pi\mathrm{R}^2$; donc

$$\mathrm{V} = \pi\mathrm{R}^2 \times \mathrm{H}.$$

Fig. 160. — Si une ligne mobile toujours parallèle à elle-même s'appuie, sans être perpendiculaire à leurs plans, sur les périmètres de deux surfaces planes égales et parallèles, on a le volume d'un *cylindre oblique.*

Ce volume est égal à la hauteur ou distance des bases parallèles multipliée par la surface d'une base.

CHAPITRE TROISIÈME.

LA SPHÈRE.

THÉORÈME.

177. *Toute section de la sphère par un plan est un cercle.*

Fig. 161. — Soit la section CAB, de la sphère G, par un plan, et GPP′ la perpendiculaire abaissée du centre de la sphère sur le plan sécant. Les points A, B, pris sur la section de la sphère par le plan, sont à égale distance du centre, et par suite appartiennent à des obliques situées à égale distance du pied O de la perpendiculaire au plan de section ; donc la courbe CAB′ est un cercle qui a pour centre le point O.

Les extrémités du diamètre PP′ de la sphère, perpendiculaire au plan du petit cercle CAB, sont également distantes de tous les points de ce cercle, et s'appellent les *pôles de ce cercle.*

Si on mène un grand cercle DGE perpendiculaire sur le diamètre PP', les points P, P' sont aussi les *pôles de ce grand cercle.*

Corollaire 1. *Un grand cercle* CDE, *mené par les pôles d'un petit ou d'un grand cercle, est perpendiculaire sur leur plan; et l'arc de grand cercle* PE, *qui va du grand cercle* DE *à son pôle* P, *est égal à* 90°, *puisqu'il mesure l'angle droit* PGE.

Corollaire 2. *Le pôle d'un petit cercle est à l'intersection de deux grands cercles perpendiculaires sur son plan.*

PROBLÈME.

178. *Trouver le rayon d'une sphère.*

Fig. 162. — Soit la sphère O; je prends deux points quelconques A,B, et je détermine un point C également distant de A et B, en décrivant avec un rayon quelconque mais suffisamment grand, des points A et B comme centres, deux arcs qui se coupent en C. Soient pareillement déterminés les points D, E, également distants de B et A. Si on joint les points C, D, E, et le centre O, au milieu de la corde AB, on aura quatre droites perpendiculaires sur le milieu de AB, et par suite déterminant le plan d'un grand cercle.

Fig. 163. — On prendra les distances rectilignes CD, CE, DE, et on construira le triangle CDE; le cercle circonscrit à ce triangle est un grand cercle, et son rayon est le rayon de la sphère.

PROBLÈME.

179. 1° *Par deux points donnés sur la sphère tracer un arc de grand cercle.*

2° *Par un point mener un arc de grand cercle perpendiculaire sur un autre arc de grand cercle.*

3° *Déterminer le pôle d'un petit cercle.*

Fig. 164. — 1° Pour déterminer l'arc de grand cercle qui passe par les points A, B, je décrirai des points A et B comme centres, avec un rayon égal à la corde qui soustend un quadrant ou l'arc de 90° dans un grand cercle, deux arcs, qui par leur intersection en P, déterminent le pôle du grand cercle qui passe en A et B; le pôle étant connu, de ce point comme centre, avec un quadrant pour rayon, on décrit le grand cercle AB.

2° Pour mener sur AB un grand cercle perpendiculaire passant en D ou D′ pris sur l'arc ou en dehors, il faut que le grand cercle cherché passe par le pôle P de l'arc AB; donc, on est ramené à conduire par deux points un arc de grand cercle.

3° Pour trouver le pôle du petit cercle GH, on prendra deux cordes de ce petit cercle, et on mènera les grands cercles perpendiculaires sur les milieux de ces cordes; ces grands cercles se coupent aux pôles du petit cercle.

THÉORÈME.

180. *Le plan tangent à la sphère est perpendiculaire au rayon qui va au point de contact.*

Fig. 165. — Soit un plan coupant la sphère suivant le petit cercle CAB, et OA la perpendiculaire à ce plan; cette perpendiculaire passe par le centre du petit cercle. Si on fait tourner le plan autour du point C, de manière que le petit cercle se réduise au point C, la droite AO devient AC, sans avoir cessé d'être perpendiculaire au plan sécant, qui, dans sa position limite CD, est le plan tangent. Donc, le rayon OC qui va au point de contact est perpendiculaire sur le plan tangent.

Tout autre point D du plan tangent est en dehors de la sphère, car sa distance au centre DO, surpasse le rayon de la sphère.

THÉORÈME.

181. *Si une ligne tourne autour d'un axe situé dans son plan, la surface engendrée est égale à la projection de la ligne mobile sur l'axe, multipliée par la circonférence ayant pour rayon, la longueur de la perpendiculaire à la ligne mobile, comprise entre le milieu de cette ligne et l'axe.*

Fig. 166. — Soit: A′O l'axe, AB la ligne mobile, CO la perpendiculaire élevée sur le milieu de la ligne AB jusqu'à l'axe, et A′B′ la projection de AB sur l'axe; on aura:

$$\text{Surf. AB} = A'B' \times 2\pi\, CO.$$

On voit que la surface cherchée est la surface latérale d'un tronc de cône, dont AA′, BB′ seraient les rayons des bases. Soit C′ la projection du point C, sur l'axe, on aura (172),

$$\text{Surf. } AB = AB \times 2\pi\, CC'.$$

Pour que la première expression soit égale à la seconde, il faut prouver que l'on a :

$$A'B' \times CO = AB \times CC'.$$

Menons AE parallèle à A′B′, la relation précédente résulte de la similitude des triangles ABE, CC′O, qui ont leurs côtés perpendiculaires chacun à chacun.

$$\frac{AB}{CO} = \frac{AE}{CC'} = \frac{A'B'}{CC'},$$

d'où

$$A'B' \times CO = AB \times CC'.$$

THÉORÈME.

182. *La surface d'une zone est égale à la hauteur multipliée par la circonférence d'un grand cercle.*

Fig. — 167. Soit la zone engendrée par la révolution de l'arc BA autour du diamètre BO; dans l'arc BA j'inscris une portion régulière de polygone, en partageant cet arc en parties égales. Soit IO le rayon du cercle inscrit dans le périmètre. La surface engendrée par la corde DA tournant autour de l'axe BO, a pour mesure sa projection D′A′ multipliée par la circonférence IO. Il en est de même pour les autres cordes, et la circonférence IO étant constante, on aura :

$$\text{Surf. } BCDA = BA' \times 2\pi\, IO.$$

Doublons indéfiniment le nombre des côtés du périmètre inscrit, ce périmètre a pour limite l'arc BA, la surface engendrée a pour limite la surface de la zone *, et OI a pour limite OB ou le rayon R de la sphère; donc,

$$\text{Surf. zone } BA = BA' \times 2\pi R.$$

Si la zone devient une sphère, la hauteur BA′ est égale au diamètre 2R, et on aura :

$$\text{Surf. sphère} = 2R \times 2\pi R = 4\pi R^2.$$

* Le périmètre inscrit ayant pour limite l'arc BA, il est évident que la surface engendrée par le périmètre a pour limite la surface engendrée par l'arc BA, ou la zone.

La surface de la sphère égale quatre fois la surface d'un grand cercle.

THÉORÈME.

183. *Le volume engendré par un triangle tournant autour d'un axe situé dans son plan, et passant par un de ses sommets, a pour mesure la surface décrite par le côté opposé à ce sommet, multipliée par le tiers de la hauteur correspondante à ce côté.*

Fig. 168. — 1° Soit le triangle CAB tournant autour de l'un de ses côtés CB, CG la perpendiculaire sur AB, et A' la projection de A sur l'axe, on aura :

$$\text{Vol. } CAB = \text{surf. } AB \times \frac{1}{3} CG = \pi\, AA' \times AB \times \frac{1}{3} CG.$$

En effet, surf. AB est la surface latérale d'un cône, et son expression est $\pi\, AA' \times AB$.

Le volume engendré par CAB est la somme des cônes décrits par les triangles rectangles CAA', ABA', donc :

$$\text{Vol. } CAB = \frac{1}{3}\pi\, \overline{AA'}^2 \times CA' + \frac{1}{3}\pi\, \overline{AA'}^2 \times A'B = \frac{1}{3}\pi\, \overline{AA'}^2 \times CB.$$

Pour que ce volume soit égal à l'expression écrite plus haut, il faut avoir : $AA'.\, CB = AB.\, CG$, ce qui a lieu, chacun de ces produits exprimant le double de l'aire du triangle ACB.

Fig. 169. — 2° Supposons maintenant que le triangle CAB tourne autour d'une droite CD passant par un de ses sommets ; prolongeons AB jusqu'à sa rencontre avec l'axe en D, et abaissons CE perpendiculaire sur AB ; on aura :

$$\text{Vol. } CAB = \text{vol. } CAD - \text{vol. } CBD = \frac{1}{3} CE(\text{surf. } AB - \text{surf. } BD) =$$

$$= \frac{1}{3} CE \times \text{surf. } AB.$$

Fig. 170. — La démonstration précédente suppose que le côté AB prolongé vient rencontrer l'axe CD. Si AB est parallèle à CD, tirons la ligne AB' qui prolongée rencontrera CD. Soit, CE perpendiculaire sur AB, et CE' perpendiculaire sur AB', le volume engendré par le triangle CAB' est donné par la relation déjà trouvée.

$$\text{Vol. } CAB' = \text{surf. } AB' \times \frac{1}{3} CE'.$$

Faisons tourner la ligne AB′ autour du point A, de manière à lui faire prendre la position AB parallèle à CD; vol. CAB′, AB′, surf. AB′, CE′ ont pour limites : vol. CAB, AB, surf. AB, CE. Donc

$$\text{Vol. CAB} = \text{surf. AB} \times \frac{1}{3}\ \text{CE}.$$

THÉORÈME.

184. *Un secteur sphérique a pour mesure la zone qui lui sert de base multipliée par le tiers du rayon.*

Fig. 171. — Soit à mesurer le secteur sphérique engendré par la révolution du secteur circulaire AOC autour de l'axe AO. J'inscris dans ce secteur une portion régulière de polygone dont BC est un côté. Le volume engendré par chaque triangle du secteur polygonal, tel que BOC, est égal à la surface engendrée par BC, multipliée par le tiers du rayon OI inscrit dans la portion régulière de polygone. Ce dernier facteur est commun; faisons la somme, et désignons par v le volume du secteur polygonal, on aura :

$$v = \text{surf. polygonale ABC} \times \frac{1}{3}\ \text{OI}.$$

En doublant indéfiniment le nombre des côtés de la portion régulière de polygone inscrite dans l'arc AC, le périmètre, la surface, le volume engendrés, et OI, ont pour limites : l'arc AC, la zone engendrée par l'arc AC, le volume engendré par le secteur AOC, le rayon OC ou R de la sphère. Donc

$$\text{Sect. sph.} = \text{zone AC} \times \frac{1}{3}\ \text{R}.$$

Si l'arc AC devient une demi-circonférence, la zone correspondante est égale à la sphère, et on a :

$$\text{Vol. sphère} = 4\pi R^2 \times \frac{1}{3}\ R = \frac{4}{3}\pi R^3 = \frac{1}{6}\pi D^3,$$

en désignant par D le diamètre de la sphère.

THÉORÈME.

185. *Le volume engendré par le segment circulaire* BMD *tournant autour d'un diamètre* AC *extérieur à ce segment, a pour mesure la sixième partie du cercle qui aurait pour rayon*

la corde BD *du segment, multipliée par la projection* B'D' *de la corde* BD *sur l'axe.*

Fig. 172. — En effet,

$$\text{Vol. BMD}=\text{vol. CDMB}-\text{vol. CDB}=\frac{2}{3}\pi\overline{CB}^2.B'D'-\frac{2}{3}\pi\overline{CI}^2.B'D'=$$

$$=\frac{2}{3}\pi\ B'D'\ (\overline{CB}^2-\overline{CI}^2)=\frac{2}{3}\pi\ B'D'\times\frac{\overline{BD}^2}{4}=\frac{1}{6}\pi\ \overline{BD}^2\times B'D'.$$

THÉORÈME.

186. *Tout segment de sphère compris entre deux plans parallèles a pour mesure la demi-somme de ses bases, multipliée par la hauteur, plus la solidité de la sphère dont cette même hauteur est le diamètre.*

Fig. 172. — Soient BB', DD', les rayons des bases du segment sphérique, B'D' sa hauteur; de sorte que le segment soit produit par la révolution de l'espace circulaire B'BMDD' autour de l'axe AC;

on aura :

$$\text{vol. D'DMBB'} = \text{vol. DMB} + \text{vol. DBB'D'} = \frac{1}{6}\pi\overline{BD}^2.B'D' +$$

$$+\frac{1}{3}\pi B'D' \times (\overline{DD'}^2 + \overline{BB'}^2 + DD'.BB') =$$

$$=\frac{1}{6}\pi B'D'\ [\overline{BD}^2 + 2\overline{DD'}^2 + 2\overline{BB'}^2 + 2.DD'.BB'].$$

Soit BO parallèle à B'D', on a $\overline{BD}^2=\overline{BO}^2+\overline{DO}^2$, ou

$$\overline{BD}^2=\overline{B'D'}^2+(DD'-BB')^2=\overline{B'D'}^2+\overline{DD'}^2+\overline{BB'}^2-2BB'.DD'.$$

Remplaçant $\overline{BD}^2$, dans l'expression ci-dessus, il vient

$$\text{vol. D'DMBB'}=\frac{1}{6}\pi B'D'\ [\overline{B'D'}^2+3\overline{DD'}^2+3\overline{BB'}^2]=$$

$$=\frac{1}{6}\pi\overline{B'D'}^3+\pi\frac{\overline{DD'}^2+\overline{BB'}^2}{2}\times B'D',$$

ce qui démontre l'énoncé.

Corollaire. *Si l'une des bases est nulle, on a un segment sphérique à une seule base; son volume est égal à la moitié du cylindre de même base et de même hauteur, plus la sphère dont cette hauteur est le diamètre.*

LIVRE VIII.

LES TRIANGLES SPHÉRIQUES.

DÉFINITIONS.

Le *triangle sphérique* est la portion de surface sphérique comprise entre trois arcs de grand cercle.

Un *polygone sphérique* est une partie de la surface de la sphère terminée par plusieurs arcs de grand cercle.

On appelle *triangles sphériques symétriques*, ceux dont les sommets sont deux à deux symétriques par rapport au centre de la sphère, c'est-à-dire, situés aux extrémités d'un même diamètre.

THÉORÈME.

187. *Dans tout triangle sphérique un côté quelconque est plus petit que la somme des deux autres.*

Fig. 173. — Dans tous les triangles sphériques que nous considérons, chaque côté est moindre qu'une demi-circonférence. Soit le triangle ACB ; en joignant le centre de la sphère aux trois sommets, on obtient un angle trièdre dont les faces ont pour mesure les côtés correspondants du triangle sphérique ; or, une face d'un trièdre est plus petite que la somme des deux autres ; donc, un côté quelconque d'un triangle sphérique est moindre que la somme des deux autres.

Corollaire 1. *La somme des trois faces d'un angle trièdre variant entre 0 et 4 droits, il en est de même de la somme des côtés d'un triangle sphérique.*

Corollaire 2. *Pour qu'un triangle sphérique soit possible étant donnés les trois côtés, il faut que la somme des côtés soit moindre qu'une circonférence, et que le plus grand côté soit plus petit que la somme des deux autres.*

THÉORÈME.

188. *La somme des côtés d'un polygone sphérique convexe peut varier entre 0 et 4 droits.*

Fig. 174. — En joignant les sommets du polygone au centre de la sphère, on a un angle solide convexe dont les faces sont mesurées par les côtés correspondants du polygone sphérique ; la première somme peut varier de 0 à 4 droits ; il en est de même de la seconde.

THÉORÈME.

189. *Le plus court chemin de deux points sur la surface de la sphère, est l'arc de grand cercle, moindre qu'une demi-circonférence, qui joint ces deux points.*

Fig. 175.—Soit l'arc de grand cercle ADC qui joint les points A et C ; et soit hors de cet arc, s'il est possible, B un point de la ligne la plus courte AGBFC entre A et C. Je mène les arcs de grand cercle AB, BC, et je prends AD = AB ; on a : l'arc ADC < AB + BC ; retranchant de part et d'autre AD = AB, on a CD < CB ; donc, si du point C comme pôle, avec le rayon CD, on décrit l'arc de petit cercle DEF, ce petit cercle coupe l'arc CB en E, laisse le point B en dehors, et coupe le plus court chemin en F.

Lorsque deux points situés sur la surface de la sphère ont la même distance rectiligne, le plus court chemin, quel qu'il soit, est aussi le même ; car la surface de la sphère est partout identique à elle-même et deux cordes égales d'une même sphère peuvent être amenées à coïncider en les considérant comme appartenant à deux sphères concentriques égales ; donc les deux plus courts chemins coïncident.

Or, pour aller de A en C en suivant le chemin AGBFC, il faut parcourir les chemins AGB et FC égaux aux chemins AD, DC ; plus le chemin de B en F qui n'est pas nul. Donc tout chemin qui s'écarte de l'arc de grand cercle ADC joignant les deux points, est plus long que le précédent ; donc l'arc de grand cercle est le plus court chemin.

THÉORÈME.

190. *L'angle* CEB, *que font entre eux deux arcs de grand cercle* EC, EB, *a pour mesure l'angle des tangentes de ces arcs au point* E, *ou l'arc* CB *décrit du point* E *comme pôle avec un quadrant pour rayon, et compris entre les arcs donnés.*

Fig. 176. — En effet, les tangentes en E, étant perpendiculaires au rayon et situées dans chaque plan, mesurent l'inclinaison des deux plans.

Pareillement l'arc CB, décrit avec un quadrant pour rayon, mesure l'angle COB, qui est l'angle plan de l'inclinaison des deux grands cercles donnés ; car EO est perpendiculaire au plan COB.

THÉORÈME.

191. *Si le triangle* ABC *a pour polaire le triangle* A'B'C', *réciproquement*, ABC *est le polaire de* A'B'C'.

Fig. 177. — On obtient le triangle A'B'C' *polaire de* ABC, en décrivant avec un quadrant comme rayon, et des points A, B, C, comme pôles, les arcs B'C', C'A', A'B'.

Il suit de là : que le point C' rencontre de B'C' et C'A', est distant d'un quadrant des points A et B, et par suite, est le pôle de l'arc AB. Il en est de même des sommets B', A', par rapport aux arcs AC, BA. Donc ABC est le polaire de A'B'C'.

Corollaire 1. *Le triangle symétrique du triangle* A'B'C' *est aussi le polaire du triangle* ABC.

Corollaire 2. *Si on joint au centre* O *de la sphère les sommets des triangles* ABC, A'B'C', *on obtient deux trièdres* OABC, OA'B'C'. *Les arêtes du trièdre* O'A'B'C' *sont perpendiculaires sur les faces du trièdre* OABC, *et menées par le sommet du même côté de ces faces que les arêtes opposées ; et réciproquement.*

On appelle *trièdres supplémentaires* les trièdres ainsi obtenus.

THÉORÈME.

192. *Dans deux triangles sphériques polaires, chaque angle est supplémentaire du côté opposé dans le polaire.*

Fig. 177. — Soient pour le triangle ABC : A, B, C, les

angles ; a, b, c, les côtés opposés ; et dans A'B'C' soient : A', B', C', a', b', c', les angles et les côtés opposés ; il faut démontrer que $A + a' = 180°$.

Prolongeons les côtés AB, AC, jusques en D et en E. L'arc DE ayant pour pôle le point A, mesure l'angle A. Or $B'E = 1$ quadrant, $DC' = 1$ quadrant ;

donc : $A + a' = DE + B'C' = B'E + DC' = 180°$.

De même, $A' + a = 180°$.

Corollaire. *Dans deux trièdres supplémentaires, chaque face de l'un est supplémentaire de l'inclinaison opposée dans le trièdre supplémentaire.*

THÉORÈME.

193. *Deux triangles, situés sur la même sphère ou sur des sphères égales, sont égaux dans toutes leurs parties, lorsqu'ils ont un angle égal compris entre côtés égaux chacun à chacun.*

Fig. 178. — Soient les triangles ABC, A'B'C', dans lesquels $A = A'$, $b = b'$, $c = c'$. Je suppose la disposition des parties égales la même ; je porte le second triangle sur le premier de manière que l'angle A' coïncide avec l'angle A, que le côté A'B' coïncide avec son égal AB, et que A'C' coïncide avec son égal AC ; les arcs B'C', BC coïncident comme ayant mêmes extrémités ; donc les triangles sont égaux.

Si la disposition des parties égales dans le triangle A'B'C' était inverse, ce triangle coïnciderait avec le symétrique A'B''C'' de ABC, et par suite serait égal dans toutes ses parties avec ABC.

Deux triangles sphériques symétriques sont égaux dans toutes leurs parties, quoique la disposition soit inverse (voir la symétrie) ; car les côtés symétriques mesurent des angles opposés par le sommet, et les angles symétriques sont les inclinaisons de faces symétriques.

Corollaire. *Deux trièdres, qui ont une inclinaison égale comprise entre deux faces égales chacune à chacune, sont égaux dans toutes leurs parties.*

THÉORÈME.

194. *Deux triangles sphériques, situés sur la même sphère ou sur des sphères égales, sont égaux dans toutes leurs parties, lorsqu'ils ont un côté égal adjacent à deux angles égaux chacun à chacun.*

On démontrera, par un procédé analogue à celui employé pour l'égalité des triangles rectilignes, que le second triangle sphérique coïncide avec le premier, ou avec le symétrique du premier.

COROLLAIRE. *Deux angles trièdres, ayant une face égale comprise entre deux inclinaisons égales chacune à chacune, sont égaux dans toutes leurs parties.*

THÉORÈME.

195. *Sur la même sphère ou sur des sphères égales, deux triangles équilatéraux entre eux, sont égaux dans toutes leurs parties.*

Joignons le centre de la sphère aux sommets des deux triangles, il en résulte deux angles trièdres dont les faces sont mesurées par les côtés correspondants des triangles sphériques, et par suite sont égales; aux faces égales, sont opposées dans les trièdres des inclinaisons égales (137); donc, aux côtés égaux sont opposés des angles égaux dans les deux triangles sphériques.

THÉORÈME.

196. *Dans la même sphère ou sur des sphères égales, deux triangles équiangles entre eux sont égaux dans toutes leurs parties.*

Les polaires des deux triangles proposés sont équilatéraux entre eux, par suite équiangles; donc, les triangles proposés sont équilatéraux entre eux.

COROLLAIRE. *Dans deux trièdres ayant leurs inclinaisons égales chacune à chacune, les faces opposées aux inclinaisons égales sont égales.*

Scolie. « Cette proposition n'a pas lieu dans les triangles » rectilignes, où de l'égalité des angles on ne peut conclure » que la proportionnalité des côtés; cela tient à ce que, les » triangles sphériques étant considérés sur des sphères égales, » l'égalité des angles entraîne celle des côtés. Sur des sphères » inégales, les triangles seraient semblables, et le rapport » des côtés homologues serait égal à celui des rayons des » sphères correspondantes.

Legendre. *Éléments de géométrie.*

THÉORÈME.

197. *La somme des angles d'un triangle sphérique peut varier entre deux et six droits.*

Chaque angle d'un triangle sphérique étant supplémentaire du côté opposé dans le polaire, la somme des trois angles vaut 6 droits moins la somme des côtés du polaire; cette dernière somme variant entre 0 et 4 droits, la première varie entre 2 et 6 droits.

THÉORÈME.

198. *Le rapport du fuseau à la surface de la sphère égale le rapport de l'angle du fuseau à quatre angles droits.*

Fig. 179. — On appelle *fuseau* la portion ADBCA de la surface de la sphère comprise entre deux arcs de grand cercle ADB, ACB; leur inclinaison est l'*angle* du fuseau. L'angle du fuseau se mesure par l'arc de grand cercle DC, décrit avec un quadrant pour rayon, du sommet du fuseau comme pôle.

Si deux fuseaux BDAC, BEAD sont égaux, ils ont des angles ou des arcs DC, ED, égaux; et réciproquement.

Cherchons le rapport du fuseau BDAC à la surface de la sphère. Si le $\frac{1}{5}$ de l'arc DC est contenu 12 fois dans la circonférence GCO, on aura

$$\frac{\text{DC}}{\text{Cir. OC}} = \frac{5}{12}, \text{ ou } \frac{\text{angle DAC}}{\text{4 droits.}} = \frac{5}{12}.$$

Si par les points de division de la circonférence GCO, et le pôle

A, on fait passer des arcs de grand cercle, la sphère contient 12 fuseaux égaux, et le fuseau proposé en contient 5; donc,

$$\frac{\text{Fus. DAC}}{\text{Surf. sphère}} = \frac{5}{12}.$$

D'où
$$\frac{\text{Fuseau BDAC}}{\text{Surf. sphère}} = \frac{\text{Angle DAC}}{\text{4 droits}}.$$

Le théorème précédent ayant lieu, quelque petite que soit la commune mesure entre l'angle du fuseau et 4 angles droits, est général (48).

Corollaire 1. *Le rapport de deux fuseaux égale le rapport de leurs angles.*

Corollaire 2. *Le rapport d'un onglet au volume de la sphère, égale le rapport de l'angle de l'onglet à 4 angles droits.*

On appelle *onglet* la portion de volume de la sphère comprise entre les deux demi-grands cercles formant un fuseau.

THÉORÈME.

199. *Deux triangles sphériques symétriques ont des surfaces équivalentes.*

Fig. 180. — Soient les deux triangles symétriques ABC, A'B'C'; on sait que : AB = A'B', BC = B'C', AC = A'C'.

Soit P le pôle du petit cercle passant par les sommets du triangle ABC: en joignant le pôle aux sommets par des arcs de grand cercle, on aura :

$$ABC = APC + APB - PBC.$$

Le point P' symétrique de P est le pôle des trois points A', B', C', puisque les arcs de grand cercle P'A', P'B', P'C', sont égaux entre eux, comme égaux à leurs symétriques; on voit par la figure que

$$A'B'C' = A'P'C' + A'P'B' - P'B'C'.$$

Mais les triangles APC, A'P'C', sont équilatéraux entre eux, et équiangles comme symétriques, de plus ils sont isocèles; donc ils peuvent se superposer, et leurs surfaces sont égales; il en est de même des autres triangles APB, A'P'B', et PBC, P'B'C'; donc, les triangles symétriques ABC, A'B'C' sont équivalents, comme étant la différence de surfaces égales. Il en serait de même si les pôles étaient dans l'intérieur des triangles.

COROLLAIRE. *Deux pyramides sphériques triangulaires symétriques sont équivalentes.*

THÉORÈME.

200. *Si deux grands cercles* AE'A, CEC' *se coupent comme on voudra, dans l'hémisphère* ACA'C'E, *la somme des triangles opposés* ACE, EC'A', *sera égale au fuseau dont l'angle est* AEC.

Fig. 181. — En effet, en joignant les points E, C', A', au centre, on voit qu'ils ont pour symétriques E', C, A; donc les deux triangles C'EA', ACE', sont équivalents. Or ce dernier triangle, plus le triangle ACE, donne le fuseau dont l'angle est ACE.

COROLLAIRE. *Les deux pyramides sphériques qui ont pour bases les triangles* ACE, EC'A', *donnent un volume équivalent à l'onglet qui a pour base le fuseau* E'AEC.

THÉORÈME.

201. *Le rapport de l'aire d'un triangle sphérique à la surface de la sphère, égale le rapport de l'excès de la somme de ses angles sur deux droits à huit angles droits.*

Fig. 182. — Soit ABC le triangle proposé. Prolongeons les côtés BA, CA jusqu'à ce qu'ils rencontrent en E et D le grand cercle DBCE sur lequel se trouve le troisième côté BC du triangle. Cette construction est toujours possible puisque les côtés du triangle dont nous nous occupons sont moindres qu'une demi-circonférence.

Si on avait à considérer des triangles dont les côtés surpasseraient une demi-circonférence, on les décomposerait en triangles rentrant dans l'hypothèse précédente.

En vertu du n° précédent, on a :

$$\text{DAE} + \text{BAC} = \text{fus. A},$$

$$\text{EAC} + \text{BAC} = \text{fus. B},$$

$$\text{DAB} + \text{BAC} = \text{fus. C}.$$

Ajoutant les premiers et les seconds membres de ces égalités et remarquant que la somme des six triangles excède un hémisphère de deux fois le triangle ABC, il vient :

$$2.\ \text{ABC} + \frac{1}{2}\,\text{surf. sphère} = \text{fus. A} + \text{fus. B} + \text{fus. C};$$

d'où $$\frac{\text{ABC}}{\text{Surf. Sphère}} = \frac{1}{2} \times \frac{\text{Fus. A} + \text{fus. B} + \text{fus. C.}}{\text{Surf. Sphère}} - \frac{1}{4}.$$

Le rapport d'un fuseau à la surface de la sphère égale le rapport de son angle à 4 droits ; donc :

$$\frac{\text{ABC}}{\text{Surf. Sphère}} = \frac{1}{2} \times \frac{\text{A} + \text{B} + \text{C}}{4} - \frac{1}{4} = \frac{\text{A} + \text{B} + \text{C} - 2}{8}.$$

Dans le second membre de cette égalité l'angle droit est pris pour unité. La différence $A + B + C - 2$, ou l'excès de la somme des angles d'un triangle sur deux angles droits s'appelle *excès sphérique.*

Corollaire. *Le rapport d'une pyramide sphérique triangulaire au volume de la sphère, égale le rapport de la base à la surface de la sphère.*

THÉORÈME.

202. *Si dans un polygone sphérique convexe, on prend la somme des angles moins le produit de deux angles droits par le nombre des côtés moins deux, le rapport du nombre ainsi obtenu à 8 angles droits, égale le rapport de la surface du polygone à la surface de la sphère.*

Fig. 183. D'un même sommet A, soient menées à tous les autres sommets les diagonales AC, AD ; le polygone ABCDE est décomposé en autant de triangles qu'il y a de côtés moins deux. La somme des angles du polygone est égale à la somme des angles des triangles ; on a donc, en désignant par n le nombre des côtés :

$$\frac{\text{AED} + \text{DAC} + \text{CAB}}{\text{Surf. Sphère}} = \frac{\text{A} + \text{B} + \text{C} + \text{D} + \text{E} - 2(n\text{-}2)}{8}.$$

Corollaire. *Le rapport précédent donne le rapport de la pyramide sphérique qui a le polygone* ABCDE *pour base, au volume de la sphère.*

APPLICATIONS
DE LA GÉOMÉTRIE.

CHAPITRE PREMIER.

LEVÉ DES PLANS.

203. *Lever un plan*, c'est tracer sur le papier la projection horizontale des points et des lignes remarquables d'un terrain, en conservant les angles et en réduisant les distances dans un rapport donné.

La verticale, en chaque point de la surface terrestre, est la direction de la pesanteur en ce point, ou la ligne que décrit un corps pesant dans sa chute ; elle est indiquée par la direction du fil à plomb. Pour des points peu éloignés, les verticales sont sensiblement parallèles.

Une horizontale est une ligne perpendiculaire sur la verticale. Un plan horizontal est un plan perpendiculaire à la verticale. Tout plan, conduit suivant une verticale, s'appelle plan vertical.

Pour vérifier une horizontale, on se sert du niveau.

Fig. 185. — *Le niveau à bulle d'air* consiste en un tube de verre contenant un liquide et une bulle d'air. Il est renfermé dans une enveloppe de cuivre montée sur une règle de même métal. Quand cette règle est horizontale, la bulle d'air vient occuper le milieu *ab* de la partie visible du tube de verre.

Un plan est horizontal, si en y plaçant le niveau dans deux directions qui se coupent, on obtient deux droites horizontales. En général, on prend les deux directions à peu près perpendiculaires.

Le plan d'un terrain représente en petit, non le terrain lui-même, mais sa projection horizontale. Cette projection s'appelle la base productive ; car les arbres et les plantes croissent dans une direction verticale, et non dans une direction perpendiculaire au plan incliné qui les contient ; en sorte qu'une ligne inclinée ne renferme pas plus de pieds d'arbres qu'une ligne horizontale. D'ailleurs, la pluie entraîne la terre végétale et les semences, la culture est plus pénible, et l'expérience a prouvé qu'une superficie inclinée rapporte à peine autant que sa projection horizontale. Il est donc naturel de considérer, non pas l'aire absolue d'un terrain, mais sa base productive.

204. *Tracé d'une droite sur le terrain. Fig.* 186. — Pour tracer une droite sur le terrain, entre le point A et le point B, on se sert de jalons, ou piquets en bois, que l'on plante verticalement. Pour distinguer les jalons dans l'éloignement, on les surmonte soit d'une feuille de papier, soit d'une plaque peinte de deux couleurs, que l'on appelle voyant. On se place sur le prolongement de AB et on fait placer les jalons intermédiaires E, F, de manière que ces jalons, ainsi que le jalon placé en B, soient cachés par le jalon A.

La ligne ainsi tracée est l'intersection du sol avec le plan vertical qui passe par les jalons. Cette ligne est droite si le terrain est plan. En général c'est une ligne courbe.

205. *Mesure d'une portion de droite au moyen de la chaîne. Fig.* 186. — La chaîne sert à mesurer une droite jalonnée sur le terrain ; elle se compose de 50 chaînons rectilignes ayant chacun deux décimètres de longueur ; les chaînons sont séparés par des anneaux en fer, et après chaque intervalle de 5 chaînons ou de 1 mètre, on trouve un anneau en cuivre. Pour mesurer une ligne AB, on tend la chaîne dans la direction de cette ligne, l'arpenteur se trouvant au point de départ et le porte-chaîne en avant. Chaque fois que la chaîne est tendue, le porte-chaîne plante dans le sol une fiche en fer, et continue son chemin, jusqu'à ce que l'arpenteur soit arrivé à la fiche laissée sur le terrain, et y ait appuyé la poignée de la chaîne ; la chaîne est de nouveau tendue, et le

porte-chaîne plante une nouvelle fiche en la tenant verticalement dans l'intérieur de la poignée. Les fiches passent dans la main de l'arpenteur ; elles sont au nombre de 10. Quand l'arpenteur les a toutes relevées, il les rend au porte-chaîne, et note sur son carnet une portée ou longueur de 100 mètres.

Si la droite ne contient pas un nombre exact de fois la longueur de la chaîne, on ajoute, au nombre obtenu de décamètres, le reste de la ligne évalué en mètres et en parties décimales du mètre.

Dans l'opération précédente, on tend la chaîne parallèlement au sol, s'il est horizontal ; dans le cas contraire, la chaîne est tendue dans une direction horizontale. Si la pente est trop rapide, on tend seulement la moitié, ou toute autre fraction de la chaîne.

206. *Echelles.* Si on veut lever un plan, on établit entre la longueur d'une ligne sur la carte, et sa longueur sur le terrain, un rapport constant que l'on appelle échelle de réduction, ou simplement échelle.

Fig. 187. — Les échelles les plus usitées sont les échelles décimales. Elles ont pour numérateur l'unité, et pour dénominateur un nombre formé des facteurs 2 et 5. Par exemple $\frac{1}{1000}$, $\frac{1}{2000}$, $\frac{1}{2500}$, ... Avec les échelles précédentes, le millimètre sur la carte représente sur le terrain les distances 1^m, 2^m, $2^m,5$; dans le cadastre et dans l'arpentage des communes, l'échelle est $\frac{1}{5000}$. L'échelle employée par l'état-major pour la carte de France est $\frac{1}{80000}$, le décimètre représente 8 kilomètres.

Fig. 188. — On nomme aussi échelle, une ligne qui représente la longueur que doit occuper sur le papier, une distance mesurée sur le terrain. On apprécie la distance de deux points de la carte, en la portant sur l'échelle. Pour obtenir le rapport entre une distance sur la carte et la distance correspondante sur le terrain, on mesure, avec l'unité de longueur, une division de l'échelle, et on divise par la distance que cette division représente sur le terrain.

207. *Levé au mètre.* *Fig.* 189. — Pour lever un terrain au mètre, on chaîne les côtés, et à partir de chaque sommet, on prend sur les côtés qui y aboutissent deux longueurs égales, par exemple une longueur de chaîne ou 10^m, AH=AG=10^m. On mesure la distance HG, et on opère de même pour tous les sommets.

On prend à l'échelle les longueurs AH, AG, HG et on construit le triangle *ahg* semblable à AHG; on rapporte à l'échelle les côtés AB, AE, en *ab*, *ae*; et en continuant de la sorte on a le plan du terrain.

Fig. 190. — On pourrait encore décomposer le terrain en triangles, en menant, soit d'un sommet, soit d'un point intérieur, des diagonales aux différents sommets; et lever les différents triangles ainsi obtenus, après avoir chaîné leurs côtés.

Pour relever un point M situé à l'intérieur ou à l'extérieur du polygone principal, on le rattache à un côté BC par un triangle BMC.

208. *Levé à l'équerre.* — *Fig.* 191. — L'équerre d'arpenteur consiste essentiellement en un prisme octogonal, ou en un cylindre en cuivre, dans l'intérieur desquels sont percées des ouvertures situées dans des plans verticaux perpendiculaires entre eux.

Fig. 186. Dans l'arpentage et le levé des plans, on se sert exclusivement de l'équerre pour *mener par un point une perpendiculaire sur une droite.*

Soit le point C, situé sur AB: on place verticalement en C le bâton de l'équerre, de manière qu'une fente soit dirigée suivant l'alignement AB; et, en faisant placer un jalon dans la direction de la fente perpendiculaire, on obtient la droite CD perpendiculaire sur AB. Si l'on veut abaisser du point D une perpendiculaire sur AB, on cherche par tatonnement le point C, tel que l'équerre y étant placée, une de ses fentes soit dans l'alignement CD, et la fente perpendiculaire dans l'alignement AB; le point D est le pied de la perpendiculaire CD, sur AB.

Fig. 192. — Pour lever un plan à l'équerre, on jalonne une diagonale, celle sur laquelle se projettent le plus de sommets. Soit la surface ABCDE, et AD la diagonale prise pour base; on mesure les distances AB′, B′E′, E′C′....., comprises entre les projections de deux sommets consécutifs, ainsi que les distances BB′, EE′....., des sommets à la base. On porte ces distances sur le papier, à l'échelle adoptée, et on a le plan *abcde* du terrain. Si une seule base est insuffisante, on en choisit d'auxiliaires, que l'on rattache à la base principale par deux de leurs points. Si la nature du sol le permet, on choisit les nouvelles bases perpendiculaires sur la base principale.

209. *Levé au graphomètre.* — Fig. 193. — Le graphomètre se compose d'un demi-cercle en cuivre gradué de 0° à 180° et contenant deux alidades à pinnules, l'une fixe AB, faisant corps avec le diamètre du demi-cercle, l'autre CD, mobile autour du centre du cercle, et située dans son plan.

Une alidade est une règle de cuivre portant à ses extrémités deux pinnules ou plaques de cuivre contenant deux fentes. L'une de ces fentes contre laquelle on applique l'œil, est très-étroite et s'appelle œilleton. L'autre assez large se nomme croisée, et contient un fil dirigé dans le sens de la longueur de la pinnule. Le graphomètre est fixé à un genou F, par une sphère E, qui se meut à frottement entre deux coquilles serrées par une vis. Le genou F se termine par un cylindre creux dans lequel s'emmanche l'axe d'un trépied.

Pour mesurer un angle avec le graphomètre, on place l'instrument de manière que le centre soit sur la verticale du sommet de l'angle, et que les lignes de visée, ou les directions de l'alidade fixe et de l'alidade mobile, coïncident avec les côtés de l'angle.

Si le graphomètre est placé sensiblement dans le plan de l'angle à mesurer, on a cet angle en véritable grandeur; si le plan du graphomètre est horizontal, on obtient la projection de l'angle sur l'horizon, ou l'angle réduit à l'horizon; et c'est précisément cet angle qu'il s'agit de mesurer dans le levé des plans.

On obtient la mesure de l'angle, en lisant sur le limbe du graphomètre le nombre de degrés compris entre les deux alidades. Le limbe est gradué en degrés et demi-degrés, on a donc l'angle à un demi-degré; mais avec le vernier on obtient une plus grande approximation.

On construit en général le vernier, en prenant 29 demi-degrés, ou divisions du limbe, et en partageant cet intervalle en 30 parties égales. 30 divisions du vernier en valent 29 du graphomètre.

$$\text{Donc}: 30^{v} = 29^{g}, \quad 1^{v} = \frac{29^{g}}{30} = \frac{29}{30} \times \frac{1^{\circ}}{2} = 29'.$$

L'intervalle entre deux divisions sur le vernier est inférieur d'une minute, à l'intervalle compris entre deux divisions du graphomètre.

Fig. 194. — Soit à mesurer l'angle pour lequel le zéro du vernier occupe la position *b*. On lit sur le limbe du graphomètre, pour le point *a* le plus voisin du zéro du vernier, 45°,30'. Il faut évaluer l'arc compris entre la division *a* du graphomètre et le zéro du vernier, c'est-à-dire, l'intervalle *ab*. Si le zéro du vernier était en *a*, sur une ligne de division du graphomètre, 1' de distance séparerait sur le graphomètre le n° 1 du vernier de la division située à sa droite sur le graphomètre; 2' d'intervalle sépareraient le n° 2 du vernier de la division suivante du graphomètre..... Donc, pour que le n° 3 du vernier coïncide avec une ligne de division du graphomètre, il faut que le zéro du vernier ait avancé de 3' de *a* en *b*.

On ajoutera, au nombre lu sur le graphomètre, le nombre de minutes donné par le chiffre du vernier qui est en coïncidence avec une division du limbe; l'angle cherché est donc 45°,33'.

On a l'angle exactement, si une division du vernier coïncide avec une division du limbe; dans le cas contraire, on évalue à l'estime le numéro du vernier le plus rapproché d'une ligne de division du graphomètre, et on a l'angle à une demi-minute.

Pour vérifier un graphomètre, on mesure avec soin les trois angles d'un triangle, ou bien les angles formés autour d'un point. On doit trouver pour la somme, 180° dans le premier cas, et 360° dans le second.

Fig. 195. — *Pour lever un plan au graphomètre*, on chaîne une base et on mesure les angles que font les droites allant des extrémités de cette base aux points remarquables du terrain. En relevant les différents triangles qui s'appuient sur cette base on aura le plan du terrain.

210. *Levé à la planchette.* La planchette est une petite table rectangulaire sur laquelle on assujettit une feuille de papier. Pour lever un terrain à la planchette on emploie deux méthodes.

Fig. 196. — 1° *Méthode par cheminements.* On se place soit à un sommet, soit à un point intérieur du terrain. On rend la planchette horizontale, et on plante une épingle qui donne la projection horizontale du point O, où l'on est situé. On dirige la lunette vers tous les sommets A, B, C, D..; on tire un trait le long de la ligne de foi qui s'appuie sur l'épingle, on rapporte à l'échelle suivant *oa*, *ob*... les distances OA, OB... et on a la carte du terrain.

Fig. 197. — 2° *Méthode des intersections.* On trace en A les différentes positions de la ligne de foi de l'alidade dirigée vers les sommets du polygone ACD...; on chaîne AB, et on la rapporte à l'échelle sur *a*B. On transporte la planchette en B de manière que B*a* soit dans la direction BA, et le point *b* sur la verticale du point B; on vise successivement les sommets du polygone, et les rencontres, sur la planchette, des deux lignes de visée qui aboutissent au même point, donnent le plan du terrain.

On vérifie un levé à la planchette en chaînant un côté, et en le mesurant à l'échelle. Si le nombre est le même, le plan est exact et le *polygone est fermé*.

211. *Levé à la boussole.* La boussole d'arpenteur consiste en une aiguille aimantée, reposant sur un pivot placé au centre d'une circonférence graduée de 0° à 360°. A la boite de la boussole, est fixée une lunette qui peut se mouvoir autour d'un axe parallèle au plan de la circonférence, et par suite décrire un plan perpendiculaire au limbe.

Fig. 198. — *Pour mesurer un angle avec la boussole*, on place l'instrument de manière que le centre de la lunette soit sur la verticale du sommet de l'angle, et on rend horizontal le plan de la circonférence que parcourt l'aiguille; on fait tourner toute la boîte, et en dirigeant successivement la lunette dans la direction des côtés AB; AC, on lit les arcs *ac*, *ab*, compris entre la partie nord de l'aiguille et chaque côté de l'angle; les arcs sont comptés de 0° à 360°, en allant du nord à l'est. La différence, *ca* — *cb*, donne l'angle CAB. Le diamètre du limbe qui va de 0° à 180° est parallèle au plan dans lequel se meut la lunette.

Le limbe sur lequel se meut l'aiguille aimantée, est divisé en demi-degrés. Avec un peu d'habitude on évalue facilement quel est le $\frac{1}{6}$ de cette distance occupé par l'aiguille; on a donc l'angle, à 5′ près. Pour vérifier l'angle d'une direction avec l'aiguille, on mesure cet angle pour les deux extrémités de la droite, d'après les conventions que nous avons adoptées pour le sens des angles; et on doit trouver $a'b' - ab = 180°$.

Pour lever un terrain à la boussole, on chaîne successivement les côtés, on mesure les angles; et on trace sur le papier les côtés à l'échelle, et les angles avec le rapporteur.

Quand le terrain est incliné, au lieu de tendre la chaîne horizontalement, on mesure les lignes parallèlement à la surface du sol. Voici comment on obtient leur projection horizontale, seule distance qui doive être placée sur le plan.

On détermine l'inclinaison sur l'horizon de la ligne ou partie de ligne sensiblement droite que l'on veut chaîner. On se place avec la boussole en un point de cette ligne; et dans sa direction, on vise avec la lunette un voyant dont la hauteur verticale au-dessus du sol est égale à celle du centre de la lunette. L'angle de la lunette avec l'horizontale donne l'angle de la ligne avec l'horizon.

Fig. 199.— Soit 30° cet angle, et AB l'échelle de réduction pour une ligne horizontale; je décris, avec un très-grand rayon, un arc de cercle tangent à la ligne AB en B, et je joins le centre aux points de l'échelle A, B, et aux points intermédiaires. Je prends l'angle COB=30°. J'abaisse du point C, CB′ perpendiculaire sur OB, et A′B′ est l'échelle de réduction pour les lignes inclinées de 30° sur l'horizon. En effet, OC a pour projection OB', et les triangles semblables AOB, A'OB' donnent :

$$\frac{B'O}{OC}=\frac{B'O}{OB}=\frac{A'B'}{AB};$$

ce qui indique, que pour une inclinaison de 30° sur l'horizon, A'B' est l'échelle de réduction, AB étant l'échelle des lignes horizontales.

Pour tracer la carte, on divise la feuille de papier en carrés, par des droites que l'on suppose parallèles à la direction de l'aiguille aimantée, et par des perpendiculaires à cette direction. Cette disposition permet de rapporter rapidement les angles sur la carte. On fait glisser sur une des lignes de division le centre du rapporteur, et suivant son diamètre, qui sert de règle, on trace la direction des lignes du terrain que l'on veut représenter.

212. *Déterminer la distance à un point inaccessible.*

Fig. 200. — Pour déterminer la distance du point A, au point inaccessible B, on chaîne une base AC partant du point A, on prend avec le graphomètre les angles en A et en C, on construit sur le papier le triangle BAC; et on mesure à l'échelle la longueur AB. Si on opère sur un terrain uni (*Fig.* 200), on peut mener DE parallèle à AC, et l'on aura $\frac{BA}{BD}=\frac{AC}{AE}$, d'où $\frac{BA}{DA}=\frac{AC}{AC-DE}$, et $BA=DA\frac{AC}{AC-DE}$; on chaînera les lignes qui entrent dans la valeur de BA, et on calculera cette distance.

On peut encore (*Fig.* 201), prendre OB' = OB, OC' = OC, et déterminer le point A' intersection des directions AO, B'C'. Il en résulte B'A' = BA.

Si la distance à mesurer est verticale (*Fig.* 202) et si le terrain est horizontal, le triangle ABC est rectangle en A, et il suffit de mesurer la base AC, et l'angle C.

213. *Déterminer la distance de deux points inaccessibles.*

Fig. 203. — Soit AB la distance à mesurer ; on chaîne une base CD, et on prend avec le graphomètre les angles ACB, ACD, BCD, CDA, CDB. On construira d'abord le triangle ACD, dans lequel on connaît le côté CD et les angles adjacents à ce côté, en C, et D; on construira ensuite le triangle BCD, dans lequel on connait aussi le côté CD, et les angles adjacents à ce côté, en C, et D; les côtés AC, BC étant ainsi déterminés, on tracera le triangle ACB dans lequel on connait deux côtés CA, CB, et l'angle compris ACB; enfin on mesurera AB à l'échelle. Si on opère sur un terrain uni, on peut, par le procédé indiqué à la fin du n° précédent, prendre un point O (*Fig.* 204), et déterminer OA' = OA, O'B = OB; on aura A'B' = AB.

Mesurer la hauteur d'une montagne.

Fig. 205. — Soit à mesurer la hauteur verticale du point A, au-dessus de l'horizon du point C où l'on se trouve placé: je chaîne une base CD, et je mesure les angles ACD, ADB, que font avec cette base les directions qui vont de C, et D, en A. Je place au point C le graphomètre dans le plan vertical qui passe en A, et je mesure l'angle ACV, que fait la direction AC avec la verticale CV; en prenant le complément, je connais l'angle ACB, que fait AC avec l'horizontale CB, qui va rencontrer en B la verticale du point A. Je construis d'abord le triangle ACD, dans lequel je connais un côté et deux angles. Sur AC comme hypoténuse, je construis le triangle rectangle ACB, dont je connais l'angle BCA; et je mesure AB à l'échelle. C'est la hauteur cherchée.

Fig. 206. — Si on peut tracer une base horizontale CD dans le plan vertical qui contient le point A, les triangles ADB, BDC se trouvent dans le même plan; et en mesurant CD, et les angles ADB, ACB, on pourra construire le triangle rectangle CDAB.

214. *Par trois points donnés mener une circonférence lors même qu'on ne peut approcher du centre.*

Fig. 207. — Soient les trois points A, B, C, par lesquels on veut mener une circonférence. Je lève le triangle ABC, et je décris la circonférence qui passe par ces trois points. Je prends un point D de la circonférence, je mesure à l'échelle la distance AD; je prends avec le rapporteur l'angle DAC, et je porte sur le terrain la distance AD, faisant avec AC l'angle mesuré. Le point D appartient à la circonférence.

215. *Trois points* A, B, C, *étant situés sur un terrain uni et rapportés sur une carte, déterminer sur cette carte le point* P *d'où les distances* AB *et* AC *ont été vues sous des angles qu'on a mesurés.*

Fig. 208. — Je décris sur AB un segment capable de l'angle APB, je décris pareillement sur BC un segment capable de l'angle BPC, le point P intersection des deux arcs est le point cherché. Si la somme des angles en P est supplémentaire de l'angle B, les deux arcs appartiennent à la même circonférence passant par les quatre points ABCP, et le point P est indéterminé sur la carte, quoique sa position soit parfaitement déterminée sur le terrain ; il faut dans ce cas se transporter de nouveau au point P, et prendre l'angle sous lequel on voit une ligne, partant du point A par exemple, et qui ne soit pas une corde de la circonférence précédente.

216. *Prolonger une ligne droite au delà d'un obstacle qui arrête la vue.*

Fig. 209. — Soit à prolonger la ligne AB : je mesure une base BC, et les angles ABC, BCD. Je construis le triangle BCD sur le papier. Je prends la distance CD à l'échelle, et je la jalonne sur le terrain. Son extrémité D appartient à la direction AB ; en déterminant pareillement un nouveau point de la direction AB, on prolongera cette direction au delà de l'obstacle. Si on opère sur un terrain uni, on peut tracer : BF perpendiculaire sur AB, FG perpendiculaire sur BF, GH perpendiculaire sur FG, prendre GH = FB ; et le point H appartient à la direction AB prolongée.

On peut encore tirer AE parallèle à BC, jalonner ECD, et calculer la distance DE, D étant le point de rencontre des directions AB, EC. En effet, on a $\frac{DE}{DC} = \frac{AE}{BC}$, d'où $\frac{DE}{EC} = \frac{AE}{AE-BC}$, et par suite $DE = EC \frac{AE}{AE-BC}$.

217. *Arpentage.* Pour arpenter un terrain ou trouver sa contenance, on le décompose en triangles, ou en triangles et en trapèzes rectangles (106). Si le terrain est limité dans une de ses parties par une ligne courbe (*Fig.* 210), on substitue

à la courbe une ligne brisée, en établissant un système de compensation, de manière que les parties ajoutées au terrain, donnent une somme égale à celle des parties négligées. L'expérience est à ce sujet le seul guide.

Fig. 211. — Pour lever et arpenter un terrain dans l'intérieur duquel on ne peut pénétrer, on l'entoure d'un rectangle ou d'un polygone, et on projette sur les côtés de ce rectangle ou de ce polygone, les sommets du contour du terrain.

CHAPITRE DEUXIÈME.

NOTIONS ÉLÉMENTAIRES SUR LES PROJECTIONS.

218. Le dessin ordinaire, ne pouvant que reproduire l'apparence d'un corps par l'imitation, ou en représenter les points situés dans un même plan, est insuffisant pour nous faire connaître les détails d'un objet ainsi que ses dimensions relatives exactes.

Pour arriver à représenter exactement un système de points, on emploie la méthode des projections. *La projection orthographique* d'un point sur un plan est le pied de la perpendiculaire abaissée du point sur le plan. On peut encore projeter un système de points, par des droites inclinées au plan de projection, et toutes parallèles entre elles. Cette projection s'appelle oblique.

Les projections orthographiques et obliques, que nous venons d'indiquer, portent le nom de projections cylindriques.

Il existe un autre système de projection, appelé *central*, *polaire*, *conique*, ou *stéréographique*. Les droites projetantes passent par un même point fixe, appelé *point de vue*. Dans ce système, on emploie deux plans rectangulaires, l'un nommé *géométral* sur lequel on projette orthographiquement le système proposé; l'autre nommé *tableau* sur lequel on effectue la projection conique, ou la *perspective* de ce même système. L'intersection de ces deux plans s'appelle la *base du tableau.*

Fig. 212. — Nous ne nous occuperons que des projections orthographiques. On prend deux plans de projection l'un HH' horizontal, le second VV' vertical; l'intersection xy des deux plans s'appelle ligne de terre. Dans les épures ou dessins contenant les projections, le plan VV' est supposé décrire un angle droit, et venir se rabattre sur le plan horizontal; le point V' vient en H', et le point V en H.

Soit un point A de l'espace, et a, a' ses projections sur les deux plans de projection. Le plan a' Aa coupe en m la ligne de terre, et lui est perpendiculaire, puisqu'il l'est aux deux plans de projection.

Rabattons le plan vertical sur le plan horizontal; la droite $a'm$ se meut dans le plan $a'ma$A perpendiculaire à la ligne de terre, et par suite, vient se placer en a'', sur la ligne am prolongée; donc, les deux projections d'un même point se trouvent sur une même perpendiculaire à la ligne de terre.

Réciproquement, deux points a, a', se trouvant sur une même perpendiculaire à la ligne de terre, sont les projections d'un même point de l'espace. En effet, en ramenant le plan vertical dans sa position perpendiculaire au plan horizontal, le plan ama' perpendiculaire à la ligne de terre contient la perpendiculaire élevée en a sur le plan horizontal, et la perpendiculaire élevée en a' sur le plan vertical. Or, ces perpendiculaires, à deux droites qui se rencontrent, se coupent en A, et donnent le point qui a pour projections a et a'. Un point se représente par ses projections a, a' sur les deux plans de projection.

219. *Projections d'une droite.* — *Fig.* 213. — La projection d'une droite est le lieu des projections de ses différents points. Ces projections ab, $a'b'$ sont des droites. Une droite est généralement déterminée par ses projections, car elle est l'intersection de deux plans, l'un perpendiculaire au plan horizontal suivant ab, l'autre perpendiculaire au plan vertical suivant $a'b'$.

Trouver les traces d'une droite. Les intersections d'une droite avec les plans de projection sont ses traces. La trace horizontale a sa projection verticale sur la ligne de terre; donc, par le point a' où la projection verticale rencontre la ligne de terre, je tire la perpendiculaire $a'a$ à la ligne de terre, jusqu'à sa rencontre a, avec la projection horizontale, et le point a est la trace horizontale de la droite. J'obtiens pareillement la trace verticale b'.

220. *Trouver les angles formés par une droite avec les plans de projection.*

Fig. 213. — La portion de la droite qui joint les deux traces a, b', est l'hypoténuse d'un triangle rectangle dont bb' et ab sont les côtés de l'angle droit. Je rabats ce triangle sur le plan horizontal, en le faisant tourner autour de ab. Je tire bB perpendiculaire sur ab, je prends $b\text{B} = bb'$, et le point b' se place en B.

Je joins aB, et l'angle baB de la droite aB avec sa projection horizontale, est l'angle qu'elle forme avec le plan horizontal. On aurait pareillement l'angle de la droite avec le plan vertical.

221. *Cas particuliers. Fig.* 214. — Si les projections de la droite sont ab, $a'b'$, la trace horizontale est a, et la trace verticale b.

Fig. 215. — Si la projection verticale $a'b'$ est parallèle à la ligne de terre, la droite est parallèle au plan horizontal, sa trace verticale est b', et l'angle qu'elle fait avec le plan vertical, est aby.

Fig. 216. — Une droite perpendiculaire au plan horizontal, a pour projection sur ce plan, sa trace horizontale a. La projection verticale est $b'c'$ perpendiculaire à la ligne de terre.

Fig. 217. — Si les projections ab, $a'b'$, d'une droite sont perpendiculaires à la ligne de terre, la droite proposée n'est pas déterminée; on connaît seulement le plan perpendiculaire à la ligne de terre qui la contient. Il faut alors se donner les projections a, a' et b, b' de deux points de la droite. Si nous rabattons, autour de sa trace horizontale, et sur le plan horizontal, le plan profil qui contient la droite, les points a', b' viennent sur la ligne de terre en a'', b'' après avoir décrit des arcs de cercle ayant leur centre en O. Les points A et B sont donnés par la rencontre des perpendiculaires élevées en a, a', et b, b''. La droite donnée fait avec le plan horizontal l'angle ohA, elle fait l'angle oVB avec le plan vertical; sa trace horizontale est h, et sa trace verticale est v', position que vient prendre le point V, lorsque le plan profil est ramené à sa place primitive.

222. Les projections d'un cube, ayant une face située sur le plan horizontal, et une autre face parallèle au plan vertical, sont deux carrés (Fig. 218), $abcd$, $a'b'e'f'$, égaux à une face. Si une face repose sur le plan horizontal, et si aucune face n'est parallèle au plan vertical; les projections du cube sont (Fig. 219), le carré $abcd$ sur le plan horizontal, et le rectangle $a'c'f'e'$ sur le plan vertical.

Si une pyramide repose par sa base $abcde$ (Fig. 220), sur le plan horizontal, on prendra les projections o, o' du sommet; et en les joignant aux projections des sommets de la base, on aura les projections des arêtes de la pyramide.

223. *La projection d'une courbe* est le lieu géométrique des projections de ses différents points.

Si un cercle (Fig. 221), est parallèle au plan horizontal, sa projection horizontale est le cercle ab égal au proposé, et sa projection verticale est la droite $a'b'$ égale à un diamètre.

Si le cercle donné se trouve dans un plan gla' (Fig. 222), perpendiculaire au plan vertical, la trace horizontale lg du plan donné est perpendiculaire à la ligne de terre, car elle est l'intersection de deux plans perpendiculaires au plan vertical. Pour trouver les projections du cercle, je rabats sur le plan horizontal le plan donné, en le faisant tourner autour de lg. Soit AB le cercle donné; par les différents points de ce cercle je mène des lignes horizontales ou parallèles à lg, et des perpendiculaires à cette dernière ligne; les intersections des projections de ces droites me donneront des points de la circonférence AB. L'horizontale EF a sa trace verticale en e', position que vient prendre le point e'' quand on relève le plan donné. Le point e'' vient se placer en e' en se mouvant sur un arc de cercle ayant son centre en l. En menant par e' une perpendiculaire à la ligne de terre, on a la projection horizontale ef de la droite EF. La perpendiculaire E*m* à *gl*, a sa trace horizontale en *m*; et comme elle est parallèle au plan vertical, elle se projette suivant la direction E*me* parallèle à la ligne de terre. Le point *e*, intersection des projections *me*, *ef*, est un point de la projection horizontale de la circonférence. En opérant d'une manière analogue, on construira autant de points qu'on le voudra, et en les joignant par un trait continu, on obtiendra l'ellipse *ceadb*. La projection verticale du cercle est la longueur *a'b'* égale au diamètre AB.

224. *Projections d'un cylindre.* — Si le cylindre est droit (Fig. 221), il a pour projection horizontale, sa base ou sa trace *aeb* sur le plan horizontal; la projection verticale est l'ensemble des perpendiculaires *c'a'*, *d'b'*, abaissées sur la ligne de terre par les différents points de la trace horizontale.

Si le cylindre est oblique par rapport aux plans de projection, il suffit pour le déterminer de connaître sa trace sur le plan horizontal, et la direction d'une arête. La trace horizontale est alors la courbe directrice sur laquelle la ligne mobile ou génératrice s'appuie, en demeurant toujours parallèle à elle-même, pour décrire la surface cylindrique. Soit (Fig. 223), *aec* la trace horizontale du cylindre et *ab*, *a'b'*, les projections d'une génératrice. Par le point *e*, *e'* de la courbe *aec*, je mène *ef* parallèle à *ab*, *e'f'* parallèle à *a'b'*, et j'ai ainsi une nouvelle arête du cylindre, et ainsi de suite. En déterminant les traces verticales *b'*, *f'*, *d'*.... de ces arêtes, on aurait la trace verticale du cylindre.

225. On appelle *élévation* d'un corps, la projection des points extérieurs et visibles de ce corps sur un plan parallèle à l'une de ses faces principales.

Le plan est la projection d'un corps sur un plan horizontal passant à la partie inférieure de ce corps. *Une coupe* représente les points remarquables d'un corps situés sur son intersection avec un plan. Avec des coupes multipliées, convenablement choisies, et reproduites à une échelle donnée, on acquiert une connaissance exacte de tous les détails intérieurs d'un bâtiment ou d'une machine.

CHAPITRE TROISIÈME.

NIVELLEMENT, PLANS COTÉS.

NIVELLEMENT.

226. *Nivellement.* Le nivellement a pour objet de déterminer la hauteur verticale comprise entre des points donnés sur le terrain.

Fig. 224. — *Le niveau d'eau* se compose d'un tube en fer-blanc terminé par deux fioles en verre qui se relèvent à angle droit. Le tube et une partie des fioles sont remplis d'eau légèrement colorée. Tout rayon visuel AB qui rase la surface de l'eau dans les deux fioles, est une ligne horizontale. La mire CE est une règle divisée en décimètres et centimètres. Sur cette règle peut glisser un rectangle de tôle, moitié rouge, moitié blanc, que l'on nomme voyant.

227. Soit à trouver la hauteur verticale comprise entre le point D et le point A (*Fig.* 225.) On se place avec le niveau, entre le point A et le point B, et on prend la hauteur de la ligne de visée au-dessus de ces points ; c'est ce que l'on appelle faire une station, ou donner un coup de niveau. Le coup d'arrière donne $Aa = 2^m$, le coup d'avant donne $Bb = 0,25$. La hauteur véritable du point B au-dessus du point A est donc $2 - 0,25 = 1,75$. En faisant deux nouvelles stations, l'une en F, et l'autre en G, on trouve le tableau suivant :

1re station	$Bb = 0^m,25$,	$Aa = 2^m$;
2e	$Cd = 0^m,30$,	$Bc = 1^m,50$;
3e	$DF = 1^m,10$,	$Ce = 1^m$.

Pour obtenir la différence de niveau des points extrêmes, on retranche la somme de tous les coups d'avant, de la somme de tous les coups d'arrière. Si le reste est positif, il indique de combien le point extrême qui a reçu seulement le coup d'avant, est élevé au-dessus du point qui n'a reçu que le coup d'arrière; si le reste est négatif, il indique que le point extrême est plus bas que le premier.

Pour mettre de l'ordre dans ces opérations, on les note sur un carnet de la manière suivante :

NUMÉROS des stations.	DISTANCE horizontale.	COUPS D'AVANT.	COUPS D'ARRIÈRE.
1	50^m	0^m,25	2^m
2	75	0 ,30	1 ,50
3	80	1 ,10	1
		1^m,65	4^m,50

Retranchant 1,65 de 4,50, le reste 2,85 donne la hauteur du point D au-dessus du point A.

Lorsque la distance de deux points dépasse 80^m, une seule opération ne peut donner leur différence de hauteur, puisque la portée du rayon visuel ne s'étend pas, d'une manière distincte, au delà de 40^m.

228. *Profils de nivellement.* Fig. 226. — Le profil d'un terrain est son intersection avec un plan vertical. On prend, dans le plan vertical dont on veut le profil, des points assez rapprochés, pour que leur distance sur le terrain soit à peu près rectiligne. Pour dresser la carte du profil, on suppose une horizontale laissant au-dessous, ou au-dessus d'elle, la surface du terrain; et on rapporte exactement les distances horizontales des points, et leurs hauteurs verticales. Quelquefois on emploie pour les hauteurs une échelle plus grande, afin de rendre plus sensibles les accidents du terrain.

PLANS COTÉS.

229. On appelle *plan coté*, un dessin contenant la projection horizontale d'un système de points, et l'indication de la hauteur verticale de ces points au-dessus d'un plan horizontal nommé plan de comparaison. Il est naturel de prendre le plan de comparaison au-dessous du plus bas de tous les points que l'on projette. Les ordonnées sont alors supérieures au plan, et les points les plus élevés sont ceux qui ont les cotes les plus fortes. Dans le génie militaire, on prend le plan de comparaison au-dessus des points à représenter. Cet usage est né de ce que les premières cartes nivelées ont été des descriptions de cotes sous-marines rapportées au niveau supérieur de la mer.

230. Un point est représenté par sa projection et par sa cote. Si plusieurs points remarquables se trouvent sur la même verticale, on écrit la cote de chacun d'eux auprès de la projection commune. Une droite est définie par sa projection et les cotes de deux de ses points.

FIG. 227. — *Soient donnés deux points d'une droite; 10^m, 9^m : on demande de trouver la cote du point de la droite, projeté en c.*

Supposons tracé le plan vertical qui projette la droite, et soit Ae l'horizontale du point A, on a $\frac{Cf}{Be} = \frac{Af}{Ae}$. On mesure, à l'échelle des distances horizontales, les longueurs $ab = 8^m$, $ac = 6^m$; et il vient

$$\frac{Cf}{1} = \frac{6}{8} \text{ d'où } Cf = 0^m{,}75.$$

La cote du point C est $9^m + 0^m{,}75$, ou $9^m{,}75$.

Réciproquement, si on donne la cote d'un point C, *on tirera* Af *ou* ac *de l'égalité précédente*. En évaluant cette longueur à l'échelle, et la portant de *a* en *c*, on aura la projection cherchée.

Les deux problèmes que nous venons de considérer se résolvent en général sans calcul, sur la feuille de dessin, par *l'échelle de pente de la droite.*

Si on considère une portion de droite AB, le rapport, $\frac{Be}{Ae}$, de la différence de hauteur de deux points à leur distance horizontale ou base, s'appelle *pente de la droite.*

La hauteur Be est la différence des cotes des deux points ; la base Ae s'obtient en chiffres par l'échelle des distances horizontales. La pente d'une droite inclinée de 45° à l'horizon est 1.

L'échelle de pente est la division de la projection, en parties égales dont les extrémités sont les projections de points variant d'un mètre en hauteur verticale. Si on voulait la projection d'un point dont la cote serait 19^m,75, la cote de *a* étant 9, on comptera dans le sens *ab*, sur l'échelle de pente, un nombre de divisions exprimé par 19,75 — 9 = 10,75 ; et le point ainsi déterminé a la cote donnée.

Pour trouver *l'inclinaison d'un chemin tracé sur un plan coté*, on décompose ce chemin en parties qui soient sensiblement rectilignes et on prend la pente, ou le rapport de la hauteur à la base, pour chacune de ces droites.

231. *Manière de représenter les plans.* Une portion de plan existant réellement et limitée de toutes parts se représente par la projection et les cotes du contour. On emploie aussi les sections de niveau, qui sont ici des droites parallèles à la trace horizontale du plan. Ces sections sont menées à des distances verticales égales, à 1 mètre d'intervalle par exemple, et portent à leurs extrémités la même cote.

La ligne de plus grande pente d'un plan est une perpendiculaire à une horizontale, ou ligne de niveau. Un plan se représente en général par la projection de la ligne de plus grande pente. La graduation de cette projection en parties égales correspondant à des hauteurs verticales variant de 1 mètre, s'appelle *l'échelle de pente* du plan.

Un plan étant donné par trois points cotés (5, 4), (10), (13), *trouver ses horizontales, ou son échelle de pente.*

Fig. 228. — On joindra deux des points donnés (5, 4), (10), par une droite, puis au moyen d'une quatrième proportionnelle on cherchera sur cette droite prolongée, si c'est nécessaire, un point (13) qui ait la même cote que le troisième des points donnés. En tirant une ligne par ces deux points à la même cote, on aura une horizontale du plan. Toute perpendiculaire à la direction de cette horizontale donnera la direction de l'échelle de pente; et comme, à l'aide des points donnés, et de l'horizontale trouvée, on pourra d'abord la coter en trois points; il sera facile de compléter ensuite sa division.

232. *Surfaces courbes.* Les surfaces courbes qui ne sont pas susceptibles d'une définition géométrique, la surface du sol, par exemple, se représentent par les projections d'un certain nombre de courbes de niveau * qui sont les sections de la surface par des plans horizontaux (*Fig.* 229 *et* 230), équidistants dans le sens vertical. On prend, pour cette équidistance, une division exacte de l'unité de longueur, de manière que toutes les cotes des courbes soient des nombres entiers, ou renferment des fractions simples, comme par exemple : 70^{m},0; 70^{m},50; 71^{m}, ...; plus les courbes de niveau se rapprochent, plus la pente devient forte, et on peut facilement juger à l'œil de la forme du terrain.

233. *Tracer à partir d'un point donné, sur une surface donnée par des horizontales, une courbe dont la tangente fasse un angle constant et donné avec le plan horizontal.*

Ce problème se présente dans le tracé des chemins, et des rigoles d'irrigation.

Fig. 230. — Nous regarderons comme rectilignes et se confondant avec la tangente, les portions de la courbe cherchée, comprises entre deux lignes de niveau; et le problème sera résolu, si toutes ces portions rectilignes ont la même pente. La distance qui sépare les plans des courbes de niveau étant connue, on regardera cette équidistance comme la hauteur de la pente constante que doit avoir l'élément de courbe; et l'on prendra une ouverture de compas égale à la

* Chaque zone comprise entre deux courbes de niveau consécutives, est regardée comme engendrée par une droite, qui, en glissant sur ces deux courbes, demeurerait constamment normale à l'une d'elles, par exemple à la courbe inférieure.

base de la même pente. Par la projection a du point donné, on tracera sur le dessin une droite comprise entre les deux courbes voisines, et dont la longueur soit égale à cette ouverture de compas. A partir d'une de ses extrémités b, on reportera la même ouverture de compas jusqu'à la courbe suivante, et ainsi de suite.

La solution est d'autant plus exacte que les courbes de niveau sont plus rapprochées; elle deviendrait impossible si en un des points où l'on est arrivé, l'ouverture de compas était moindre que la plus courte distance de la courbe de niveau où l'on se trouve à la suivante. Enfin si l'on n'indique pas le sens dans lequel la courbe doit se diriger, le problème est indéterminé. Car par le point donné, on peut en général mener aux courbes voisines deux droites au moins, ayant la pente donnée. Par l'extrémité de chacune de ces lignes, on peut porter deux longueurs pareilles sur la courbe suivante, et ainsi de suite. Parmi ces combinaisons, on s'arrêtera à celle qui conviendra le mieux à l'objet qu'on se sera proposé.

CHAPITRE QUATRIÈME.

NOTIONS SUR QUELQUES COURBES USUELLES.

ELLIPSE.

234. L'ellipse est une courbe telle, que la somme des distances de chacun de ses points à deux points fixes est constante.

1. *Tracé de l'ellipse par points.* — Fig. 231. — Soient F, F', les points fixes donnés, et $2a$ la somme des distances d'un point de la courbe à ces deux points. Pour construire l'ellipse, je trace la droite FF', je prends le milieu O de cette distance, et je porte de chaque côté de ce point les distances égales OA, OA'.

telles que $OA = OA' = a$. Je prends le point E situé entre F et F', et des points F et F' comme centres, avec les distances AE, A'E, comme rayons, je décris des circonférences qui par leurs intersections en C, C', C'', C''', me donnent quatre points de la courbe. La circonférence décrite du point F' avec le rayon $F'C = A'E$, et la circonférence décrite du point F' avec le rayon $FC = AE$, se coupent (46), car d'après la position du point E, on a $FF' < A'E + AE$, et $FF' > A'E - AE$; et le point C est bien un point de l'ellipse, puisque $FC + F'C = A'E + AE = 2a$.

Si le point E n'était pas situé entre les points F et F', la distance des centres serait moindre que la différence des rayons, et les circonférences seraient intérieures.

Axes. — Sommets. — Les deux points F, F', s'appellent les *foyers* de l'ellipse, AA' en est le *grand axe* et O le *centre*. La perpendiculaire BB' élevée sur le grand axe par le centre O, s'appelle *le petit axe;* les extrémités A, A', B, B', des deux axes sont *les sommets*. Les lignes F'C, FC, qui vont des foyers à un point de la courbe, sont les *rayons vecteurs* de ce point. Les rayons vecteurs des sommets B, B', situés à l'extrémité du petit axe sont égaux au demi-grand axe a ou oA.

Remarque. — De la construction de l'ellipse il résulte, que les points C, C' sont symétriques par rapport à la droite AA'; et que C, C'' sont symétriques par rapport à BB'. Donc, *l'ellipse est une courbe symétrique par rapport à ses deux axes.*

235. *Tracé de l'ellipse d'un mouvement continu.* On prend un fil de longueur $2a$, et on fixe ses extrémités en F', et F; on promène un style qui tient le fil tendu, et la pointe du style décrit la courbe.

Soient (Fig. 232): les points M, M', M'' placés sur F'M et situés le premier sur l'ellipse, le second à l'intérieur, et le troisième à l'extérieur de cette courbe. On voit (9) que l'on a

$$M'F' + M'F < MF' + MF < M''F' + M''F,$$
$$\text{ou} \quad M'F' + M'F < 2a < M''F' + M''F.$$

Ce qui prouve: que *la somme des distances d'un point aux foyers est inférieure ou supérieure au grand axe de l'ellipse, suivant que le point est intérieur, ou extérieur à la courbe.*

236. *Cercle directeur.*— *Fig.* 233.— Si du point F comme centre, on décrit un cercle, avec un rayon égal à $2a$, on obtient *le cercle directeur* DG. On voit qu'en prolongeant le rayon vecteur FM jusqu'à sa rencontre D avec le cercle précédent, on aura MD = MF'. On peut encore dire, que l'ellipse jouit de la propriété que chacun de ses points est également distant d'une circonférence et d'un point fixes.

237. *Tangente à l'ellipse.*— *Fig.* 234.— Soit la corde MM' de l'ellipse. On passe du point M au point M', en augmentant le rayon vecteur F'M d'une longueur MC, en diminuant FM d'une quantité MD = MC, et en décrivant deux arcs de cercle CM', DM', des points F', F, comme centres, avec F'C, FD, comme rayons ; la rencontre de ces deux arcs donne le point M' qui appartient à l'ellipse. Tirons DM', CM'; nous obtenons deux triangles CMM', MDM' qui ont le côté commun MM' et les côtés MD, MC égaux. Si le point M' se rapproche indéfiniment du point M, la direction M'C tend vers une position limite perpendiculaire sur MC; de même la direction DM' tend vers une position limite perpendiculaire sur MD; par suite les angles en D et en C ont pour limite commune un angle droit. Si on construit deux triangles semblables aux triangles CMM', DMM', et que l'on prenne le rapport variable de similitude, de telle sorte que ces triangles semblables aient toujours des dimensions finies, il est évident que ces triangles tendent indéfiniment vers deux triangles rectangles ayant l'hypoténuse égale et un côté égal. Donc, les angles en M, que fait la sécante avec les rayons vecteurs, tendent indéfiniment à être égaux ; et la tangente, ou la position limite de la sécante, divise l'angle des rayons vecteurs en deux parties égales.

238. *Mener une tangente à l'ellipse.* — *Fig.* 235. — 1° Si le point donné M est situé sur la courbe, la bissectrice MT de l'angle FMC des rayons vecteurs est la tangente demandée.

2° Mener une tangente à l'ellipse par un point extérieur T. Soit le problème résolu, et MT la tangente demandée. J'abaisse FD perpendiculaire sur MT, et je prends sur le prolongement de FD, la distance DC = FD. Je tire TF, TC, F'M, FM, MC ; il résulte de la construction, que MF égale MC, et que cette dernière ligne est le prolongement de F'M, puisque les rayons vecteurs font des angles égaux avec la tangente. Par suite, $F'C = F'M + MC = F'M + MF = 2a$. Donc, pour mener la tangente à l'ellipse par le point T, je joins ce point au foyer le plus voisin F; avec TF comme rayon, et du point T comme centre, je décris une circonférence; de l'autre foyer F', comme centre, et avec le grand axe $2a$ comme rayon, je décris une circonférence qui coupe la première en C et C'; et en joignant le point C au foyer F', on obtient le point de contact M. Pareillement la droite F'C' donne le point M'.

239. Le nombre des solutions est égal au nombre des points de rencontre des deux circonférences précédentes. Si le point T est extérieur à l'ellipse, on aura, en supposant le point F' joint au point T, $F'F < F'T + TF$, d'où $F'T > F'F - TF$. Dans le cas ou F'F serait inférieur à TF, à la place de l'inégalité précédente, on poserait, $F'T > TF - F'F$, puisque F'T est par hypothèse plus grand que TF. D'un autre côté le triangle F'TF donne $F'T < F'F + FT$, et à plus forte raison, $F'T < 2a + FT$. Donc, la distance des centres est inférieure à la somme des rayons, et supérieure à leur différence; il y a deux intersections pour les circonférences, et par suite deux tangentes à l'ellipse.

Si le point donné est situé sur la courbe, on a $F'T + FT = 2a$, d'où $F'T = 2a - FT$; la distance des centres égale la différence des rayons, les circonférences sont tangentes intérieurement, et il n'y a qu'une solution.

Enfin, si le point donné est intérieur à la courbe, on a $F'T + FT < 2a$, d'où $F'T < 2a - FT$; la distance des centres est plus petite que la différence des rayons, les circonférences sont intérieures, et il n'y a pas de solution.

Corollaire 1. En tirant OD, on a une ligne qui joint les milieux des côtés F'F, FC, dans le triangle F'FC, donc

$$OD = \frac{F'C}{2} = a.$$

Le lieu des projections des foyers sur les tangentes est un cercle ayant le grand axe pour diamètre.

Corollaire 2. *Le produit des perpendiculaires abaissées des foyers sur une même tangente égale le carré du demi-petit axe.*

240. *Normale à l'ellipse.* La normale en un point de l'ellipse est la perpendiculaire à la tangente en ce point. La normale au point M partage l'angle F'MF en deux parties égales.

PARABOLE.

La parabole est une courbe telle que chacun de ses points est à égale distance d'un point fixe appelé *foyer*, et d'une droite fixe appelée *directrice*.

241. *Fig.* 236 — *Tracé de la parabole par points.* Soit F le foyer, FG la directrice. J'abaisse du foyer FAD perpendiculaire sur la directrice; du point F comme centre, avec un rayon FC plus grand que FA moitié de FD, je décris un arc de cercle ; je mène deux parallèles à la directrice, à une distance BC = FC ; et les intersections C, C' des parallèles et du cercle, me donnent deux points de la parabole. Il résulte de la construction, que cette courbe est symétrique par rapport à la droite AF, que l'on appelle l'*axe* de la parabole. Le point A milieu de DF est le *sommet*. FC s'appelle le *rayon* vecteur du point C.

242. *Tracé de la parabole d'un mouvement continu.* On prend une équerre GBH, et un fil de longueur BH ; on fixe une extrémité du fil en H, et l'autre en F ; on fait glisser le côté GB de l'angle droit de l'équerre, le long de la directrice ; on tient le fil tendu au moyen d'un style qui se meut le long de BH ; et la pointe du style trace un arc de parabole. En effet, on a par construction FC = CB.

Fig. 237. — Soient les trois points M", M, M', placés sur une perpendiculaire à la directrice et situés le premier en dehors de la parabole, le second sur cette courbe et le troisième dans son intérieur. La figure donne (8),

$$FM'' > FM - MM'' = BM'', \text{ et } FM' < MM' + FM = BM'.$$

Donc, *pour un point situé en dedans de la parabole, la distance au foyer est plus grande que la distance à la directrice ; l'inverse a lieu par un point situé au dehors de la parabole.* Si le point extérieur à la parabole est pris à gauche de la directrice, sa distance à la directrice est comptée négativement, et le théorème précédent existe toujours.

243. *La parabole considérée comme limite de l'ellipse.* Fig. 238. — Si dans une ellipse, on conserve invariable la distance AF d'un sommet au foyer voisin, et qu'on fasse croître indéfiniment le grand axe, l'autre sommet et le centre O s'éloignent indéfiniment. Le cercle directeur DE passe toujours par le point D, et a pour limite la perpendiculaire DH à la droite AF; les distances FM, CM sont toujours égales; et quand le point C vient se placer sur la droite DH, la ligne CM devient parallèle à AF. La courbe limite, vers laquelle tend l'ellipse, est une parabole ayant le point F pour foyer, et DH pour directrice.

En examinant ce que deviennent pour cette position limite les propriétés de l'ellipse, on obtient les propriétés analogues de la parabole; ainsi :

Corollaire 1. La tangente à la parabole est également inclinée sur le rayon vecteur et sur l'axe.

Corollaire 2. Le lieu des projections du foyer sur les tangentes est la perpendiculaire élevée sur l'axe par le sommet.

Nous allons établir directement ces propriétés.

244. *Tangente à la parabole.* Fig. 239. — Soit la sécante MM' à la parabole. On passe du point M de la courbe au point M', en prolongeant le rayon vecteur FM et la distance à la directrice ME, de quantités égales BM, MC; et en décrivant du point F comme centre, avec le rayon FB, un arc qui rencontre en M' la parallèle CM' menée par le point C à la directrice. Le point M' appartient à la courbe. Tirons BM', les deux triangles MBM', MCM' ont un côté MM' commun, et un côté égal MC = MB. Si le point M' tend indéfiniment vers le point M, le triangle MCM' est toujours rectangle, et la direction BM' tend indéfiniment à devenir perpendiculaire sur BM. Construisons deux triangles semblables aux précédents, en prenant un rapport variable de similitude, tel que les nouveaux triangles aient toujours des dimensions finies. On voit que le second triangle a pour limite un triangle rectangle égal au premier, comme ayant même hypoténuse et un côté égal; donc, les angles que font le rayon vecteur, et l'axe, avec la position limite de la sécante, ou la tangente, sont égaux.

245. *Mener une tangente à la parabole.*

Fig. 240. — 1° Si le point M est pris sur la courbe, la tangente est la bissectrice de l'angle BMF.

2° Soit donné le point T en dehors de la courbe. Supposons le problème résolu, et TM la tangente cherchée. Abaissons FC perpendiculaire sur la tangente, et prolongeons FC de la quantité CB = CF. Tirons TF, TB, MF, MB. Par la nature de la construction MF = MB, et comme ces deux lignes sont également inclinées sur la tangente, le point B se trouve sur la directrice. La détermination de ce point entraîne celle de la tangente. Pour obtenir le point B, je décris, avec TF, distance du point donné au foyer, comme rayon, une circonférence dont le centre est au point T. Cette circonférence donne, par ses intersections avec la directrice, les points B et B' qui satisfont à la question. Les parallèles menées par ces points à l'axe donnent les points de contact.

Si le point donné T est extérieur à la parabole, la distance du centre à la directrice est moindre que le rayon, par suite il y a deux intersections et deux tangentes.

Si le point donné est sur la parabole, la circonférence est tangente à la directrice, il n'y a qu'une solution; enfin si le point est situé à l'intérieur de la parabole, il n'y a pas de solution.

Corollaire 1. La projection C, du foyer sur la tangente, étant le milieu de la ligne BF, se trouve sur la perpendiculaire AC élevée sur l'axe AF, par le point A milieu de FD. Donc, *le lieu des projections du foyer sur les tangentes est la perpendiculaire à l'axe, élevée par le sommet.*

Corollaire 2. Tirons M*m* perpendiculaire sur l'axe. On a $AC = \frac{BD}{2} = \frac{Mm}{2}$, par suite $AG = \frac{GM}{2}$; *la distance du pied* G *de la tangente au sommet* A *est la moitié de la sous-tangente* G*m*.

Corollaire 3. *Si le point* T *se trouve sur la directrice, les tangentes* TM, TM' *sont perpendiculaires l'une sur l'autre, et les directions* MF, M'F *forment une seule droite perpendiculaire sur* TF.

246. *Normale à la parabole.* — Fig 240. — La perpendiculaire à la tangente par le point de contact, est la normale. Soit MN cette perpendiculaire, la distance mN s'appelle sous-normale. On voit que

$$mN = mF + FN = mF + BM = mF + Dm = DF.$$

La sous-normale est constante et égale au demi-paramètre DF, *que l'on désigne par p.*

Scolie. On pourrait de cette propriété déduire un nouveau moyen de mener la tangente à la parabole par un point pris sur cette courbe.

247. *Le carré d'une corde perpendiculaire à l'axe est proportionnel à la distance de cette corde au sommet.*

Fig. 240. — Le triangle rectangle GMN donne

$$\overline{mM}^2 = mN \times mG = p \times 2Am = 2p \times Am.$$

Le carré de la moitié d'une corde perpendiculaire à l'axe est proportionnel à la distance de la corde au sommet ; il en est de même du carré de la corde.

HÉLICE.

248. Fig. 242. — *L'hélice* est la courbe résultant de l'enroulement de l'hypoténuse d'un triangle rectangle autour d'un cylindre droit à base circulaire, après avoir fait coïncider un côté de l'angle droit avec une arête du cylindre.

Fig. 241. — Pour mieux découvrir les propriétés de l'hélice, supposons d'abord inscrit dans le cylindre un prisme droit quelconque, et enroulons le triangle rectangle D'Da autour de ce prisme, après avoir fait coïncider le côté de l'angle droit DD' avec l'arête de même nom du prisme. Les portions Dc, cb, ba de la base du triangle rectangle viennent coïncider avec les côtés DC, CB, BA du périmètre de la base du prisme, et l'hypoténuse devient la ligne brisée D'C'B'A. Si on prolonge un élément C'D' de cette ligne brisée, il vient rencontrer le prolongement de CD, en un point T, tel que : le triangle rectangle D'TD est égal à D'Da, et CT = Ca, TC' = ac', CC' = cc'. Les rapports constants, $\frac{D'a}{Da} = \frac{c'a}{ca}$, et $\frac{D'D}{Da} = \frac{c'c}{ca}$, conservent leur valeur après l'enroulement. Il résulte de là, que dans le contour brisé AB'C'D' :

1° Chaque élément C'D' a une inclinaison constante sur l'arête et sur la base du prisme.

2° Une longueur AB'C' du contour est proportionnelle à la portion ABC du périmètre, qui sépare les arêtes des points A, C'.

3° La distance C'C de deux points A, C', comptée sur une arête, est proportionnelle à la portion ABC du périmètre qui sépare les arêtes des points A, C'.

249. Les propriétés précédentes étant indépendantes de la grandeur des côtés de la base du prisme inscrit, ont lieu quand ces côtés tendent indéfiniment vers zéro. Dans ce dernier cas, la base du triangle D*a* (*Fig.* 241 et 242), a pour limite l'arc DA ; le prisme a pour limite le cylindre ; le contour brisé AD' a pour limite l'hélice ; les directions des éléments CD, C'D' ont pour limites la tangente au cercle en C et la tangente à l'hélice en C' ; et la direction du plan CDC'D' a pour limite le plan tangent au cylindre.

Donc 1° *La tangente à l'hélice fait un angle constant avec la génératrice et avec la base du cylindre.*

2° *La longueur d'un arc d'hélice compris entre deux génératrices, est proportionnelle à l'arc de circonférence compris entre les mêmes génératrices.*

3° *La distance de deux points de l'hélice, comptée parallèlement aux génératrices, est proportionnelle à l'arc de circonférence compris entre les génératrices de ces deux points. D'où il résulte que le pas de l'hélice, c'est-à-dire la distance comptée sur une arête entre deux intersections successives de cette arête par l'hélice, est constante.*

4° *La tangente au cercle et la tangente à l'hélice, menées par des points situés sur la même arête, sont dans un même plan tangent au cylindre ; et les longueurs de ces tangentes, comptées depuis l'arête jusqu'à leur point d'intersection, sont égales à l'arc d'hélice et à l'arc de cercle, comptés depuis l'arête jusqu'à leur intersection.*

250. *Projections de l'hélice.* — *Fig.* 243. — Nous prendrons le plan horizontal perpendiculaire à la génératrice du cylindre, et le plan vertical parallèle à cette génératrice. La projection horizontale de l'hélice est la base du cylindre ACED. Soit AD un diamètre parallèle au plan vertical et contenant un point de l'hélice. La projection verticale de ce point est en A' sur la ligne de terre xy. Soit dD' la moitié du pas de l'hélice, c'est-à-dire, la plus petite hauteur au-dessus du cercle AD, à laquelle l'hélice coupe l'arête passant en D. Je partage la demi-circonférence AED en 6 parties égales ; je projette les points de division sur la ligne de terre ; et j'élève des perpendiculaires à cette ligne de terre, sur lesquelles je prends $\frac{1}{6}$, $\frac{2}{6}$, $\frac{3}{6}$... , de la distance dD'. Les extrémités C', B' E'... , de ces perpendiculaires appartiennent à la projection verticale de l'hélice.

Tangente à l'hélice. — Pour construire la tangente à l'hélice au point C, C', je mène la tangente au cercle en C, et je prends CT égal à l'arc CA ; le point T est la trace horizontale de la tangente, et se projette en T'. Donc, les projections de la tangente sont CT, C'T'.

FIN.

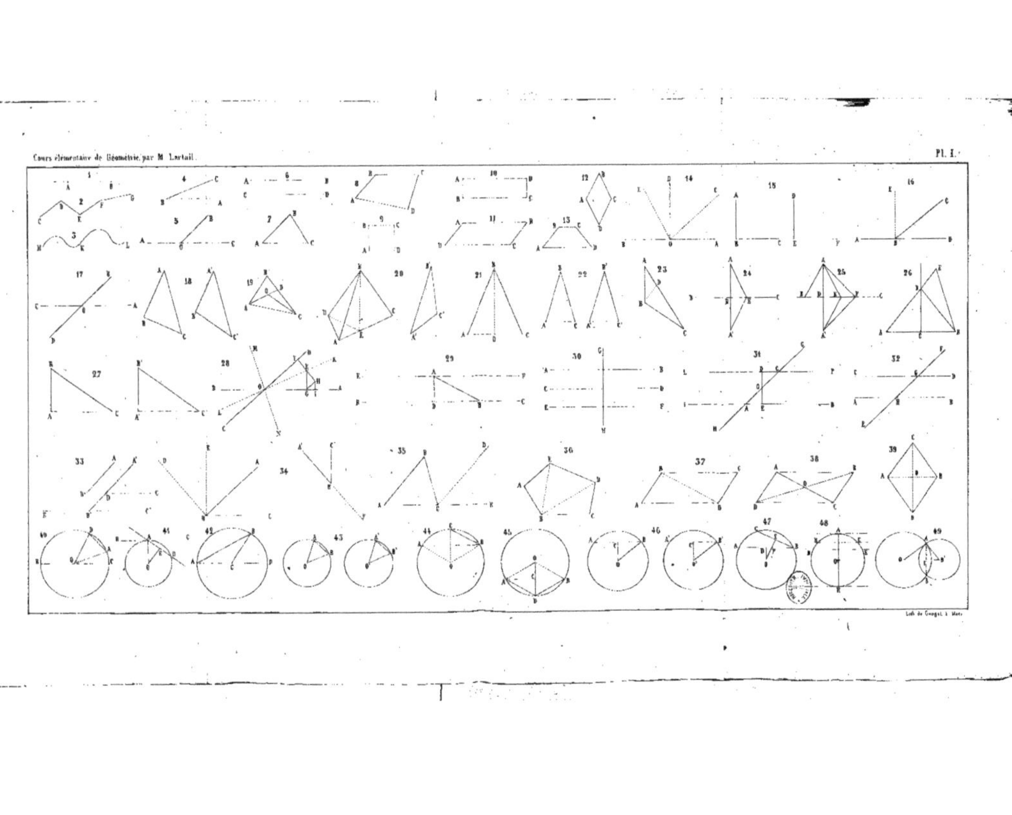
Cours élémentaire de Géométrie par M. Lartail.
Pl. I.
Lith de Gangel à Metz

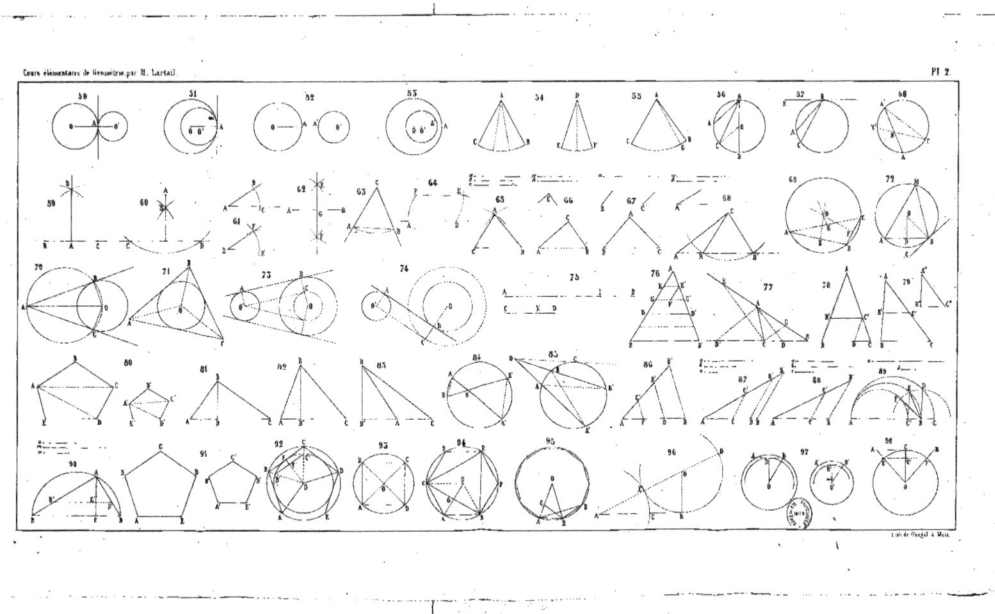

Lith. de Gangel à Metz.

Cours élémentaire de Géométrie, par M. Lartail. Pl. 3.

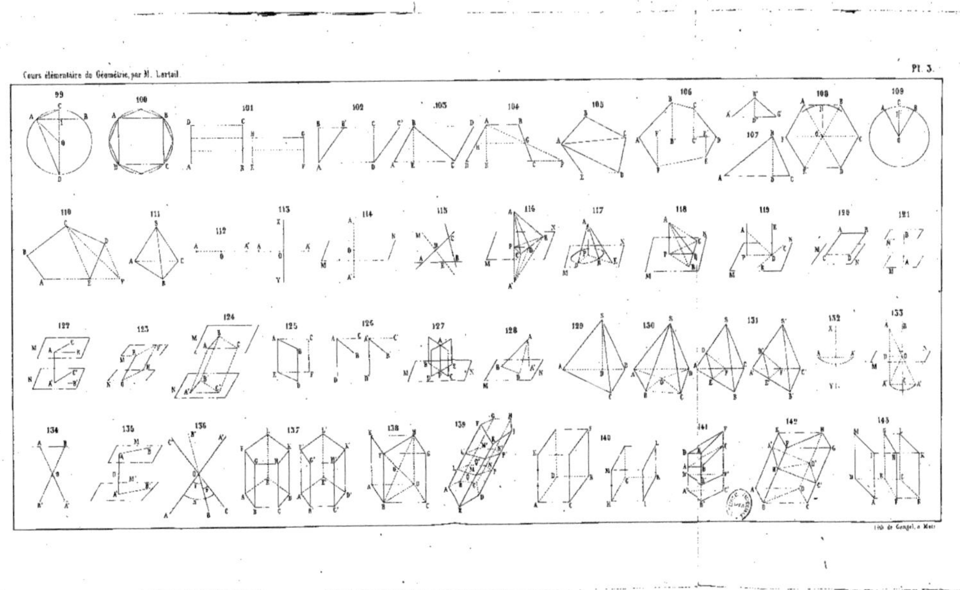

Lith. de Gangel, à Metz

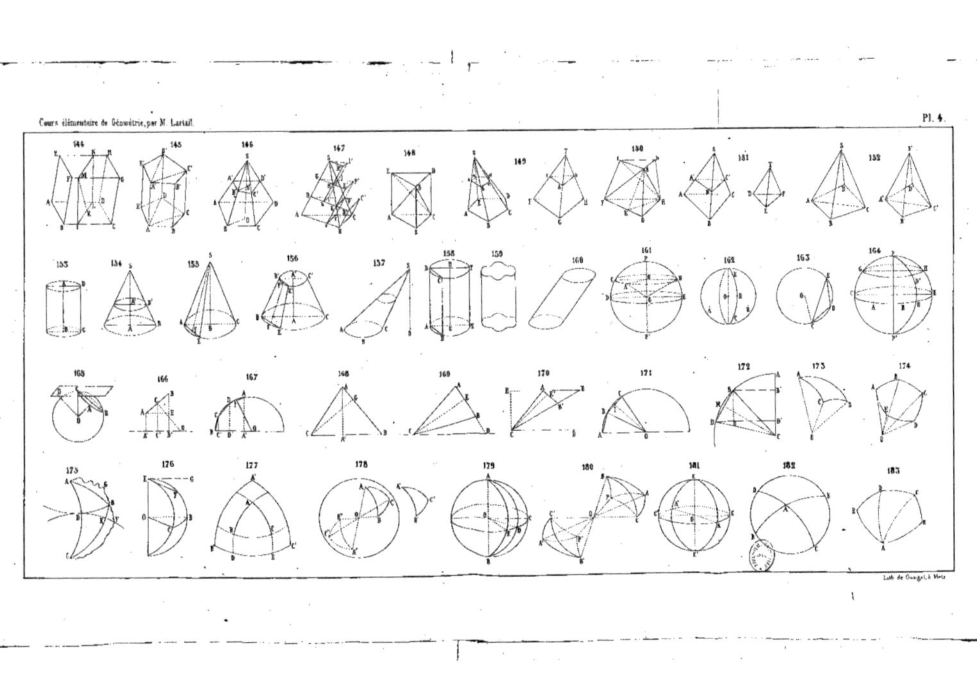
Cours élémentaire de Géométrie, par M. Lartail.
Pl. 4.
Lith. de Gangel, à Metz

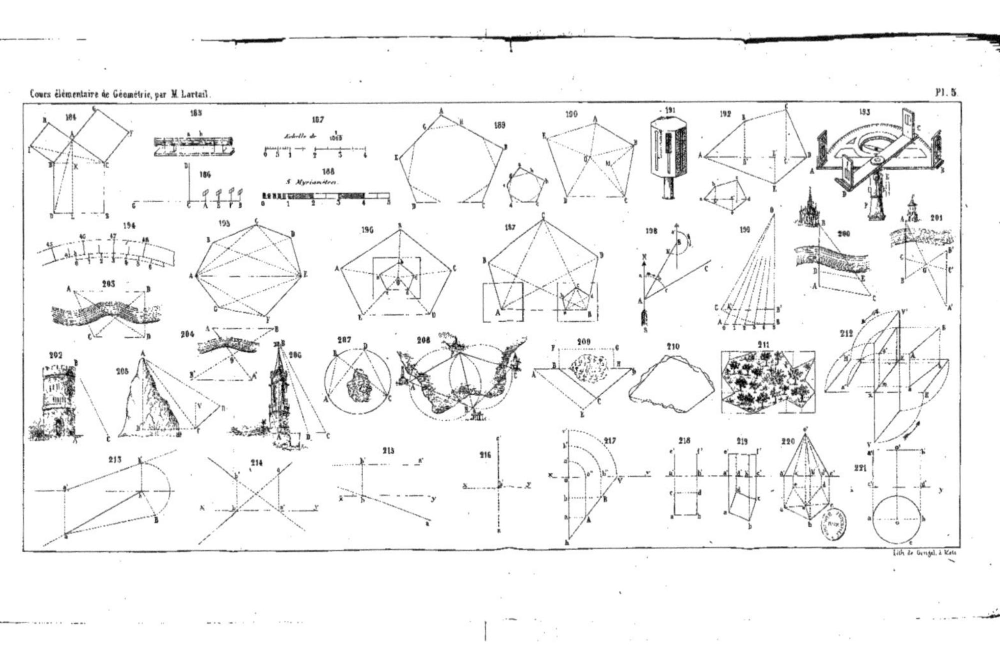

Lith. de Gengel, à Metz

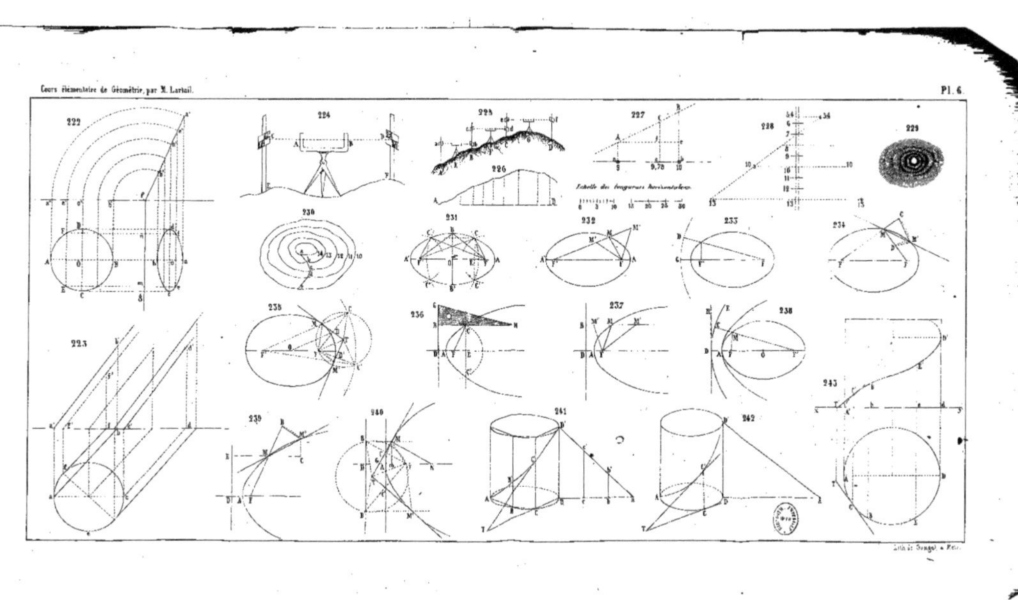
Cours élémentaire de Géométrie, par M. Lartail.
Pl. 6.
222
223
224
225
226
227
228
229
230
231
232
233
234
235
236
237
238
239
240
241
242
243

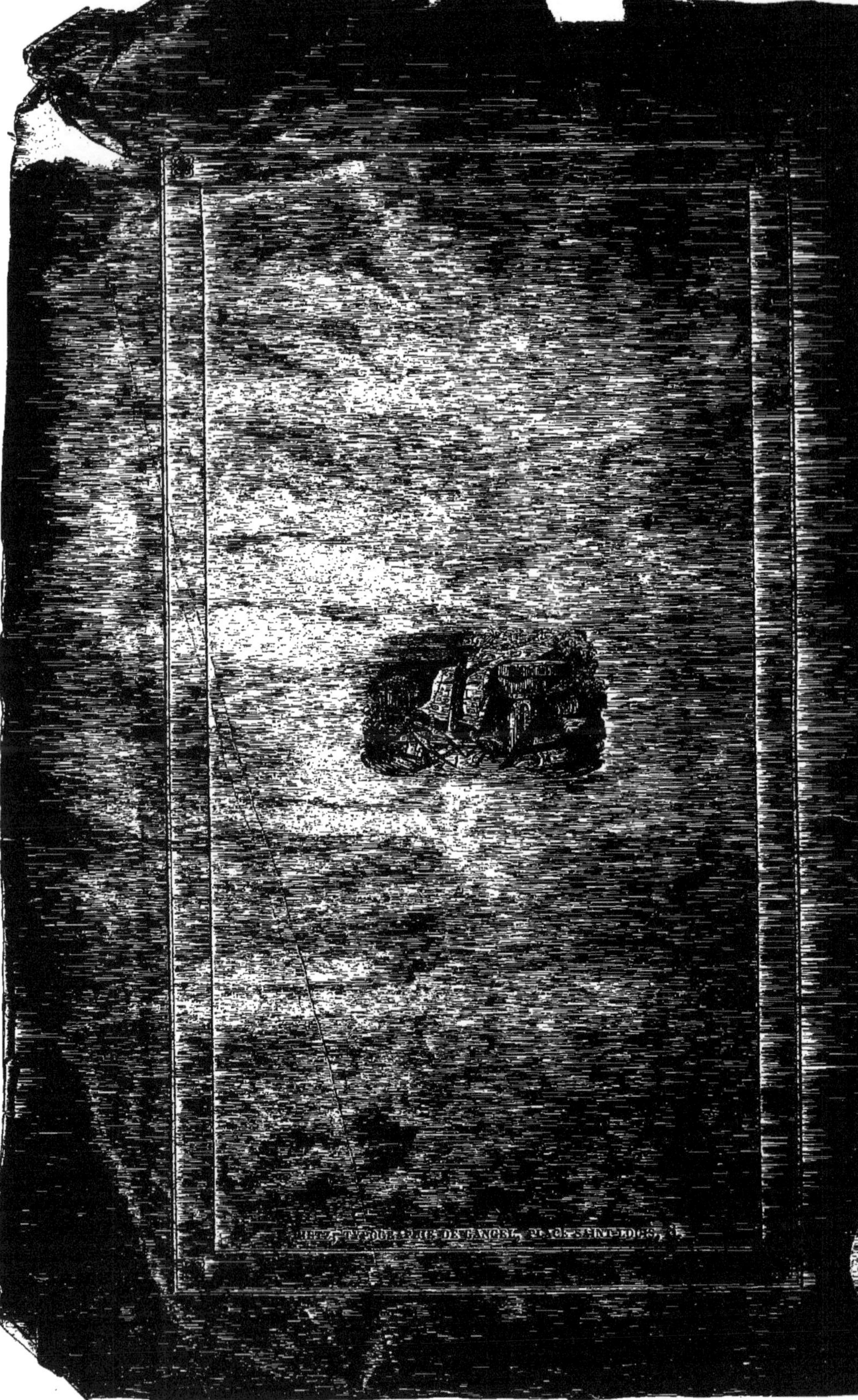

www.ingramcontent.com/pod-product-compliance
Ingram Content Group UK Ltd.
Pitfield, Milton Keynes, MK11 3LW, UK
UKHW020604180726
13838UKWH00001B/417